U0216489

# 用微课学·图形图像处理（Photoshop CS6）

主　编　倪　彤

副主编　朱　雷　彭泽军　胡　莹　李　霞

電子工業出版社
Publishing House of Electronics Industry
北京·BEIJING

## 内容简介

本书是依据2014年教育部颁布的《中等职业学校计算机平面设计专业教学标准》（专业代码：090300），并参照计算机平面设计领域相关行业标准编写的。

本书分析了计算机平面设计专业的学习科目，结合当前中等职业学校学生的文化水平及学习特点，以图像处理、图形绘制为例，包含了Photoshop的基础知识，图形图像处理的操作技能，将每项任务内容具体落实到应用层面。主要内容包括Photoshop基本操作、照片修复、海报制作、书籍装帧、VI设计和网页设计等六个大项目64个具体任务。

本书主要适用于中等职业教育，也可作为职业培训、非计算机专业人员参考用书。

未经许可，不得以任何方式复制或抄袭本书之部分或全部内容。

版权所有，侵权必究。

**图书在版编目（CIP）数据**

用微课学·图形图像处理：Photoshop CS6 / 倪彤主编．—北京：电子工业出版社，2016.7

ISBN 978-7-121-29169-2

Ⅰ.①用… Ⅱ.①倪… Ⅲ.①图象处理软件 Ⅳ.①TP391.41

中国版本图书馆CIP数据核字（2016）第141805号

策划编辑：杨　波
责任编辑：郝黎明
印　　刷：天津千鹤文化传播有限公司
装　　订：天津千鹤文化传播有限公司
出版发行：电子工业出版社
　　　　　北京市海淀区万寿路173信箱　邮编　100036
开　　本：787×1 092　1/16　印张：15　字数：384千字
版　　次：2016年7月第1版
印　　次：2025年2月第18次印刷
定　　价：45.00元

凡所购买电子工业出版社图书有缺损问题，请向购买书店调换。若书店售缺，请与本社发行部联系，联系及邮购电话：（010）88254888，88258888。

质量投诉请发邮件至zlts@phei.com.cn，盗版侵权举报请发邮件至dbqq@phei.com.cn。

本书咨询联系方式：（010）88254617，luomn@phei.com.cn。

# 前言 Preface

本书以党的二十大精神为统领，全面贯彻党的教育方针，落实立德树人根本任务，践行社会主义核心价值观，铸魂育人，坚定理想信念，坚定“四个自信”，为中国式现代化全面推进中华民族伟大复兴而培育技能型人才。

党的二十大报告明确指出“深化教育领域综合改革，加强教材建设和管理，完善学校管理和教育评价体系，健全学校家庭社会育人机制。加强师德师风建设，培养高素质教师队伍，弘扬尊师重教社会风尚。推进教育数字化，建设全民终身学习的学习型社会、学习型大国。”

“图形图像处理”是计算机平面设计专业中一门重要的专业基础课程，旨在培养学生了解图形图像处理及相关的美学基础知识，理解平面设计与创意的基本要求。能熟练使用Photoshop 软件进行图形绘制、图文编辑、图像处理，胜任计算机平面设计、广告设计与制作、包装设计与制作、网页美工等工作，具有工匠精神和数字素养的技术技能人才。

本书以计算机平面设计的实际工作任务为线索，经分析、归纳、提炼，精心设计了一组涉及面广、实用性强的工作任务。按照学生的认知规律将计算机平面设计融入典型的工作任务中，通过任务导入－任务实施－任务拓展等三个环节，力求实现“工学结合、理实一体、强化技能、突出应用”的教学目标、能力目标与素质目标。在编写中力图体现以下特色：

1．教材中所列的 64 个知识点和技能点均已做成了“微课”，学生在使用时可直接扫描二维码进行学习，支持翻转课堂教学模式，可先学后教，提高课堂教学的效率。

2．关注学生学习的兴趣爱好，在内容编排上构造贴近工作实践的学习情境，教学内容都是与工作有直接关联的“热点”问题。

3．采用最新版本的平面设计软件 Adobe Photoshop CS5～CS6，与实际应用无缝对接。

4．在呈现方式上尽可能减少文字叙述，采用屏幕截图，以增强其现场感和真实感。通过“任务拓展”方式，对所学的内容做进一步的延伸。

各项目教学学时安排建议：

| 序　号 | 课程内容 | 教学时数 | |
| --- | --- | --- | --- |
| | | 讲授与上机 | 说　明 |
| 1 | 基本操作 | 24 | 建议在多媒体教室或机房组织教学，学用结合、讲练结合 |
| 2 | 照片修复 | 16 | |
| 3 | 海报制作 | 14 | |
| 4 | 书籍装帧 | 16 | |
| 5 | VI 设计 | 16 | |
| 6 | 网页设计 | 10 | |
| 合计 | | 96 | |

本书由全国职业院校信息技术技能大赛计算机平面设计赛项专家倪彤担任主编及全书微课资源制作，池州市职教中心朱雷、安徽金寨职业学校彭泽军、淮南市职教中心胡莹、安徽电子工程学校李霞等老师参与了书中相关内容的研讨及编写。胡莹和李霞老师还指导学生夺取 2016 年全国职业院校信息技术技能大赛计算机平面设计赛项的一等奖和三等奖。

由于时间仓促，书中难免有不妥之处，恳请广大读者批评、指正。

编　者

# 目录 Contents

## 001 项目一　基本操作



## 099 项目二　照片修复

# 项目一

# 基本操作

在本项目中，我们介绍的是 Photoshop 的基本操作，从工作区的构成到快速蒙版的使用，为平面设计奠定坚实的技术基础。

## 学习目标

1. 工作区、功能面板的构成；
2. 常用的快捷方式；
3. 分层设计的概念；
4. 常用工具的使用；
5. 快速蒙版的使用。

微课资源

## 任务一　工作区

### 一、任务导入

Photoshop 是 Adobe 公司出品的平面设计软件，简称为 PS，其应用范围从数码照片处理、图书装帧设计、广告、海报、网页设计等，几乎覆盖了平面设计的所有领域，其作品比比皆是，如图 1-1 所示。

图 1-1　Photoshop 作品秀

## 二、任务实施

| 步　　骤 | 说明或截图 |
| --- | --- |
| 1 新建对话框<br>启动 Photoshop，单击“文件→新建”菜单命令，出现“新建”对话框，在此处可设定宽度、高度、分辨率、颜色模式、背景内容及度量单位等，再单击“确定”按钮，即可创建一个新的图像文件。 | 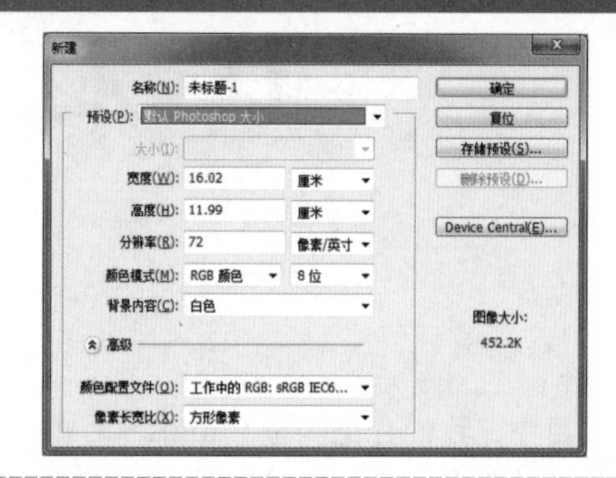 |
| 2 工作界面构成<br>工作界面由菜单栏、选项栏、工具箱及工作面板等。工具箱中右下方有黑色三角形图示的，在长按时，会出现更多一些工具。 | 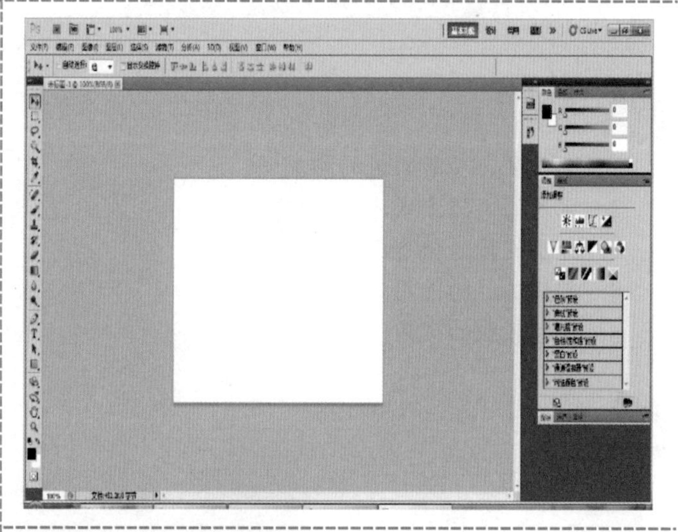 |
| 3 简单对象绘制<br>以一个路牌的绘制为例：<br>（1）单击工具箱中的矩形选框工具，可将其选中，在工作区绘制一个矩形选区；<br>（2）长按渐变工具，出现油漆桶工具，在选区上单击，即可用前景色对选区进行填充。 | 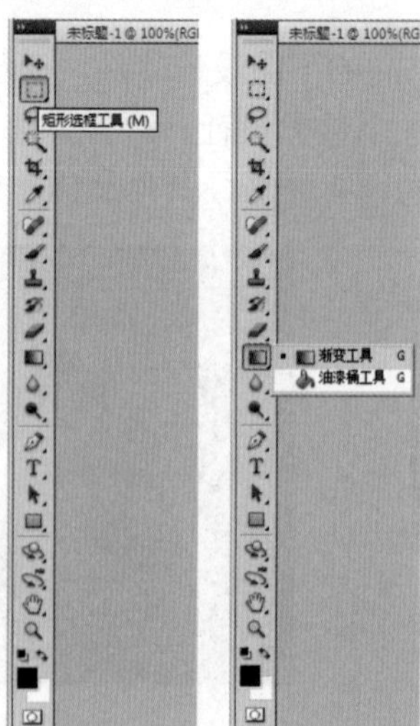  |

### 4 设置前景色与背景色

用鼠标单击工具箱下方的前景色与背景色图标，可打开相应的“拾色器”对话框；

用鼠标单击色板中的某一种颜色，或输入数字确定一种颜色均可，例如：红色的R/G/B取值为255/0/0。

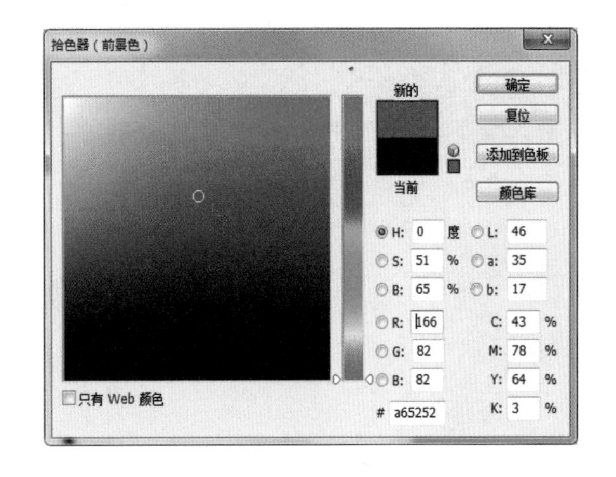


### 5 快捷键

在Photoshop的熟练操作过程中，往往都使用快捷键操作方式，使用快捷键，可大大提高操作的效率。

Alt+Del/Ctrl+Del：填充前景色/背景色；
Ctrl+D：取消选区；
Ctrl + +/—：视图画面放大/缩小；
Ctrl+0/Ctrl+1：按屏幕/实际大小（100%）显示；
Ctrl+T：自由变换；
Ctrl+E：合并图层；
Ctrl+H：隐藏/显示选区。

### 6 输入文字

使用文字工具，可输入文字并建立一个相应的文字图层。

单击“文件→存储”菜单命令，可将当前正在编辑的文件以指定的路径、文件名、扩展名等加以保存。

在Photoshop中默认的文件扩展名为：.psd，这也是Photoshop的源文件。

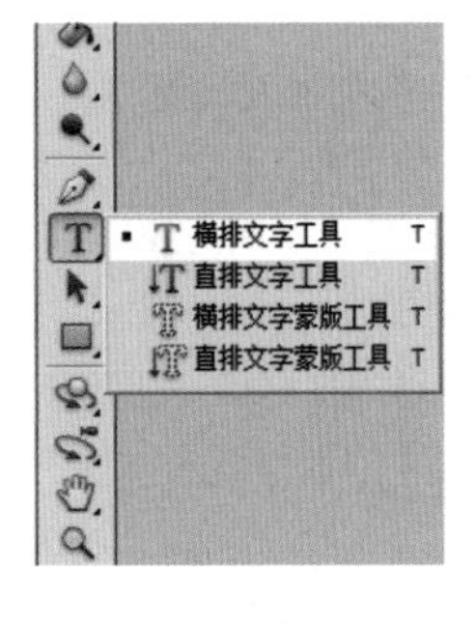


## 三、任务拓展

掌握选区的加、减及相交操作，操作步骤：

启动Photoshop，单击“文件→新建”菜单命令，创建一个新的图像文件，单击“矩形选框”工具，在“选项”栏中单击“添加到选区”按钮，即可将绘制的多个矩形选区进行相加，如图 1-2 所示。

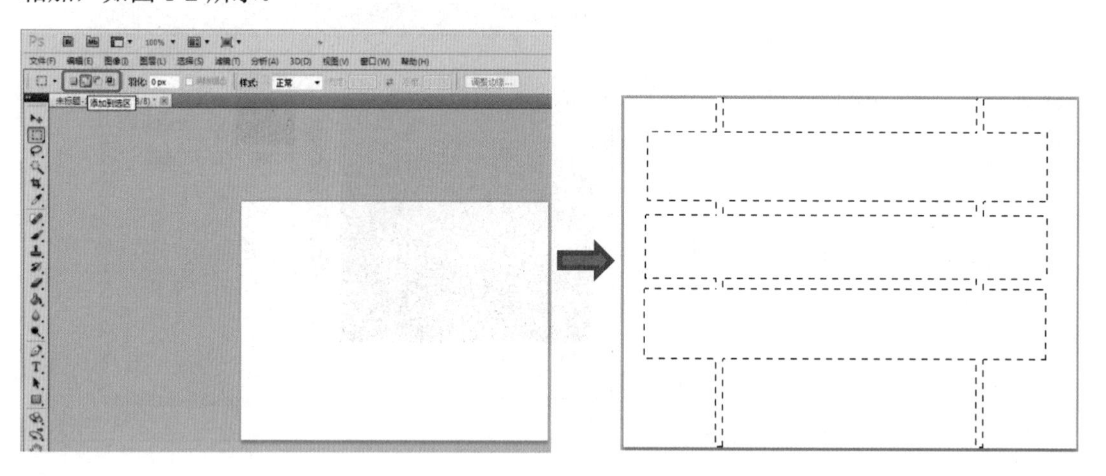

图 1-2　选区的加、减及相交

## 学习任务单

| 一、学习方法建议 | |
| --- | --- |
| 观看微课→预操作练习→听课（老师讲解、示范、拓展）→再操作练习→完成学习任务单 | |
| 二、学习任务 | |
| 对照图形或实物： | |
| 1．“新建”对话框的内容构成及设置 | □ |
| 2．工具箱中隐藏工具的展开 | □ |
| 3．矩形选框工具+Shift 键，绘制对象 | □ |
| 4．设置前景色与背景色 | □ |
| 5．用快捷键填充前景色与背景色 | □ |
| 6．取消选区 | □ |
| 7．输入文字 | □ |
| 三、困惑与建议 | |
| | |

# 任务二　快捷方式

## 一、任务导入

一个熟练的 Photoshop 使用者，必定是驾驭快捷键的高手。使用快捷键，可大大提高图像处理的效率。Photoshop 的快捷方式通常位于相应的菜单命令之后，如图 1-3 所示。

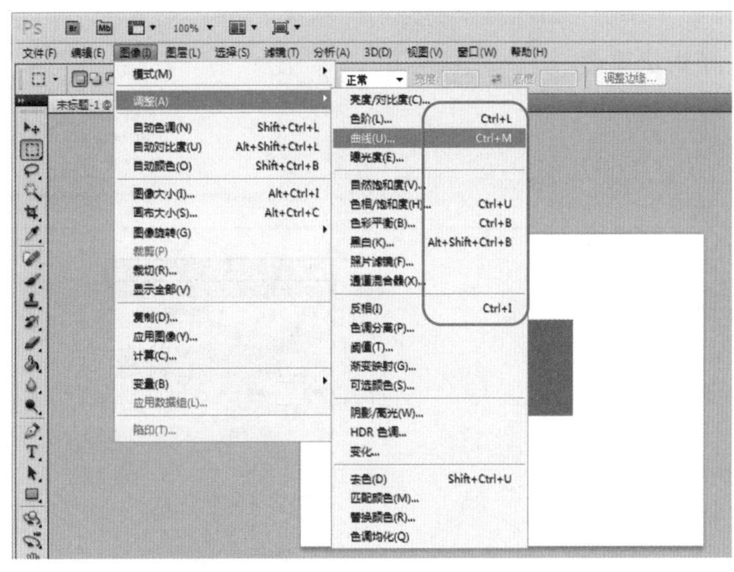


图 1-3　快捷键

## 二、任务实施

| 步　　骤 | 说明或截图 |
| --- | --- |
| **1 图层面板**<br>启动 Photoshop，单击“文件→新建”菜单命令，创建一个新的图像文件。<br>单击右侧功能面板上的“图层”标签，展开“图层”功能面板，可见其上有一个默认的背景图层，颜色为白色。 | 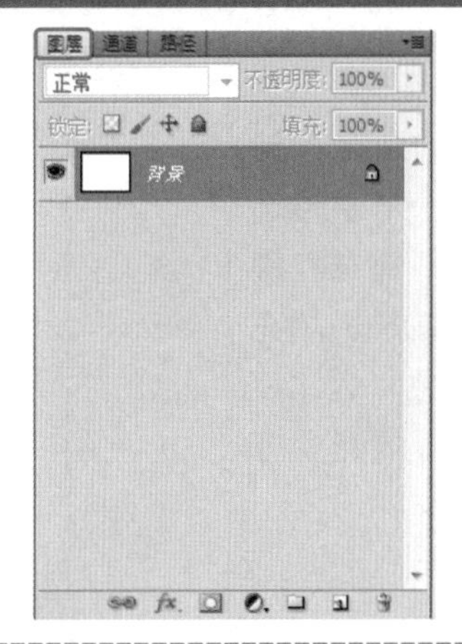 |

### 2 视图画面的缩放

单击“视图”菜单，出现视图画面缩放的一组快捷方式：

Ctrl＋+/—：视图画面放大/缩小；

Ctrl+0/Ctrl+1：按屏幕/实际大小（100%）显示；

很明显，使用快捷键比使用菜单命令能大大提高操作效率。

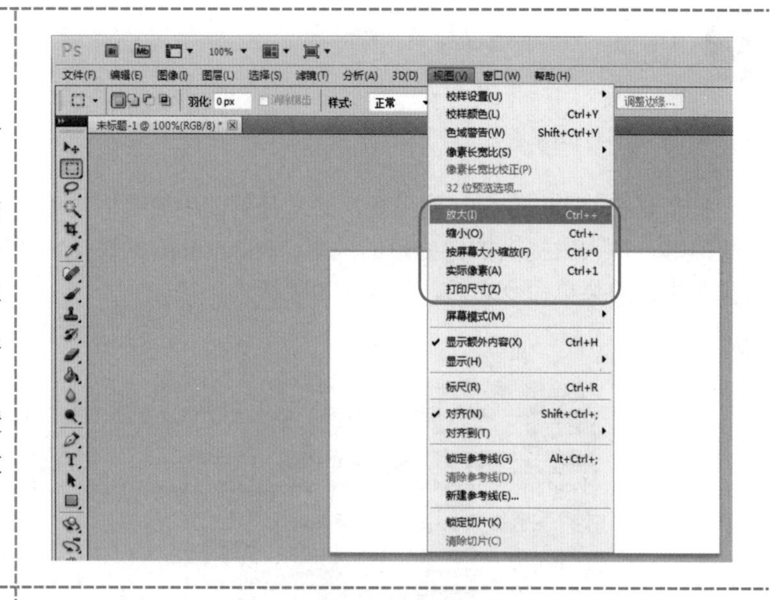


### 3 创建新图层

单击图层面板下方的“创建新图层”按钮，可创建一个新的普通图层，在该图层上所进行的操作，不会影响到其他图层上的对象。

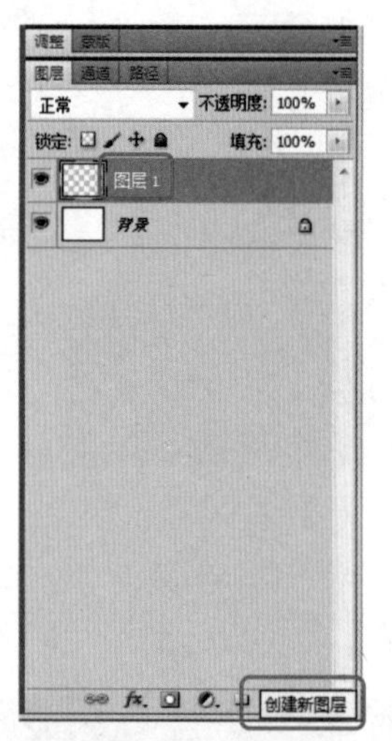


### 4 填充前景色与背景色

在新建的两个图层上分别绘制一个矩形选区，使用快捷键Alt+Del/Ctrl+Del去填充前景色/背景色，远比使用油漆桶进行填充要方便和快捷得多。

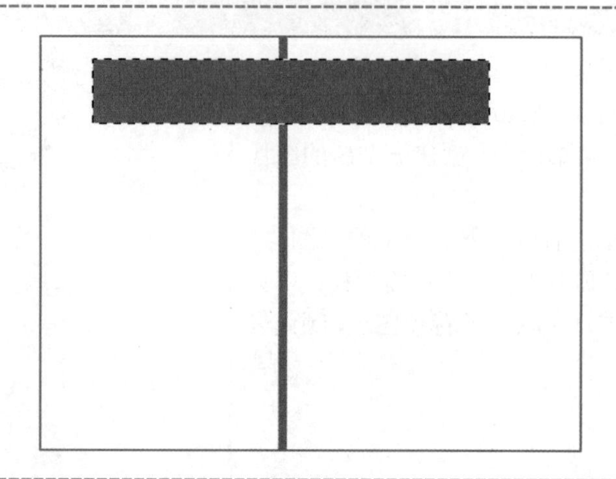

5 自由变换

使用快捷键Ctrl+T，可对当前图层上的对象进行自由变换。

在变换范围之内，单击右键，可出现一些变换命令，如"透视"等。

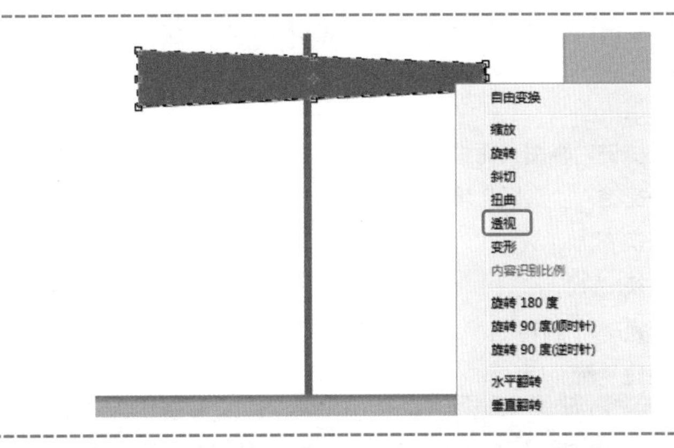


6 边移动边复制

单击工具箱上的移动工具，将其选中，在"选项"面板上勾选"自动选择—图层"项；

按住Alt键可实现边移动边复制对象操作。

若对象处于选定的状态，是在同一层上进行移动和复制操作，否则就是将对象新建于不同的图层。

## 三、任务拓展

在Photoshop中，要改变图层的叠放次序，可使用以下快捷键进行操作：

| 快捷键 | 操作功能 |
| --- | --- |
| Ctrl+[ | 下移一层 |
| Ctrl+] | 上移一层 |
| Ctrl+Shift+[ | 置于底层 |
| Ctrl+Shift+] | 置于顶层 |

## 学习任务单

**一、学习方法建议**

观看微课→预操作练习→听课（老师讲解、示范、拓展）→再操作练习→完成学习任务单

| 二、学习任务 | |
|---|---|
| 1. 新建图层 | □ |
| 2. 使用快捷键对视图画面进行缩放 | □ |
| 3. 使用快捷键对“选区”填充前景色与背景色 | □ |
| 4. 自由变换/缩放 | □ |
| 5. 自由变换/透视 | □ |
| 6. 自由变换/水平翻转 | □ |
| 7. 边移动边复制 | □ |
| 三、困惑与建议 | |
| | |

# 任务三　分层设计

## 一、任务导入

分层设计是平面设计的一个基本原则，对象位于不同的图层，将具有独立的编辑属性，即：对某一个对象的编辑，不会影响到其他图层上的对象，如图 1-4 所示。

图 1-4　分层设计

## 二、任务实施

| 步　　骤 | 说明或截图 |
| --- | --- |
| 1 矩形选框工具<br>创建一个新的图像文件，再新建一个图层；<br>单击矩形选框工具，按住 Shift 键，约束长宽比，可绘制一个正方形，按住 Alt 键可确定绘制的中心；<br>设定好前景色，使用快捷键 Alt+Del 对选区填充颜色；<br>按快捷键 Ctrl+D，取消选区。 |   |
| 2 椭圆选框工具<br>新建一个图层，单击椭圆选框工具，按住 Shift 键，约束长宽比，可绘制一个正圆，按住 Alt 键可确定绘制的中心；<br>设定好前景色，使用快捷键 Alt+Del 对选区填充颜色；<br>按快捷键 Ctrl+D，取消选区。 |  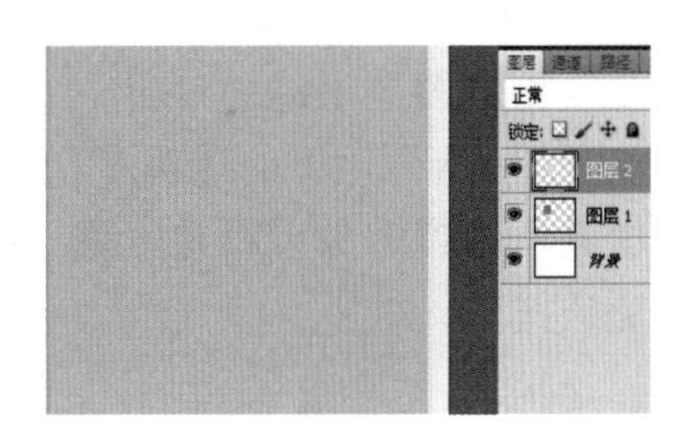 |
| 3 显示/隐藏网格<br>借助于网格线可精确地进行对象的绘制，网格线显示/隐藏对应的快捷键：Ctrl+'。 | 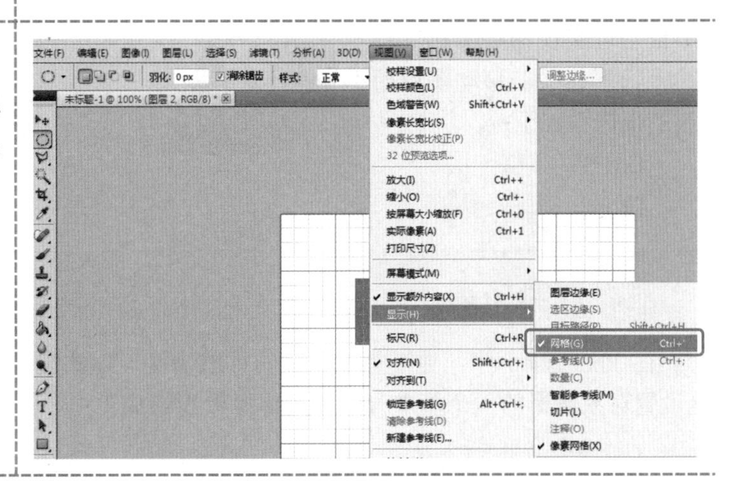 |

**4 多边形套索工具**

新建一个图层，单击多边形套索工具，依网格线绘制一个等腰三角形，并将其填充颜色；

至此，在当前图像文件中除背景层外，一共包括三个图层，相应的对象如下。

正方形、正圆、等腰三角形。

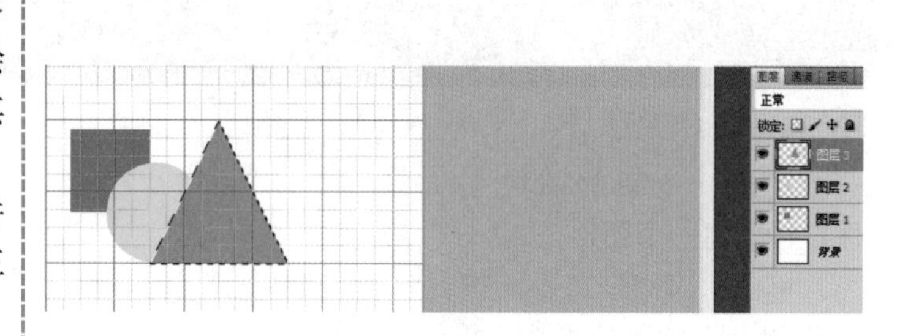

**5 图层属性－可视**

在图层面板的最左一列带有“眼睛”的图标，是该图层“可视/隐藏”的开关，可用鼠标单击进行“可视/隐藏”切换。

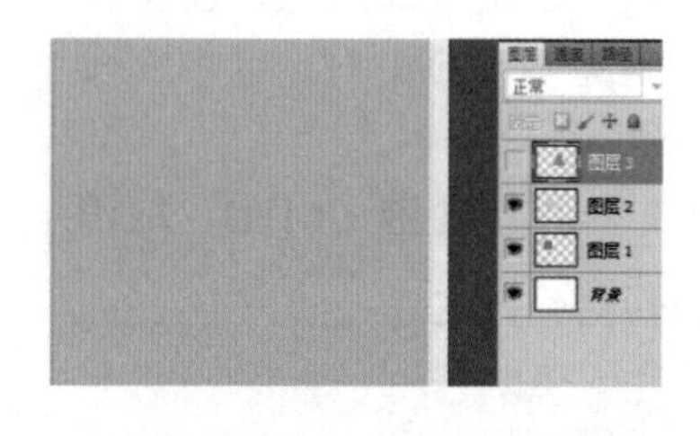

**6 图层属性－可锁定**

单击图层上的“锁定”按钮，可将图层上的透明度、像素、位置等加以锁定，避免误操作。

**7 图层属性－可移动**

单击某一个图层，按住不松，可实现图层所在位置的上、下移动。移动图层相应的快捷键如下：

Ctrl+[：下移一层

Ctrl+]：上移一层

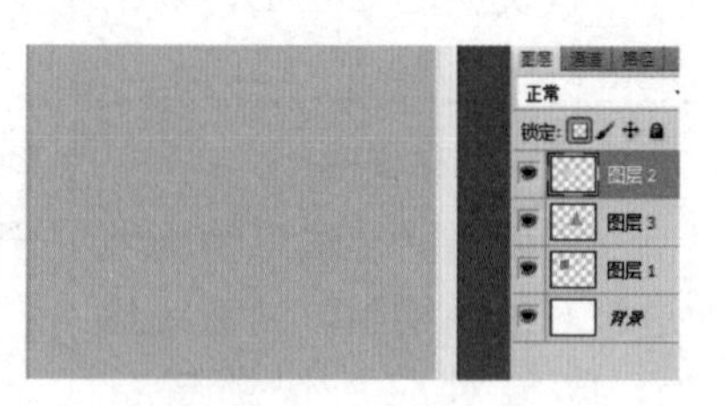

## 三、任务拓展

在 Photoshop 中，通过更改图层的不透明度，以实现对象的半透明叠放效果，同时也是设置对象倒影的一个基本方法，具体操作步骤如下：

| 步　骤 | 说明或截图 |
| --- | --- |
| **1 合并图层**<br>使用快捷键 Ctrl+E，将正方形、正圆、等腰三角形三个对象所在的图层合并。 |  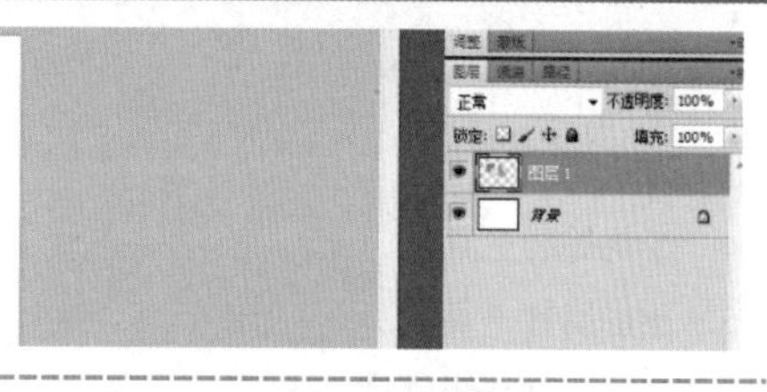 |
| **2 复制图层**<br>在图层 1 上单击鼠标右键，在弹出的菜单中选择“复制图层”命令，在打开的对话框中，单击“确定”按钮，完成图层 1 的复制。 |  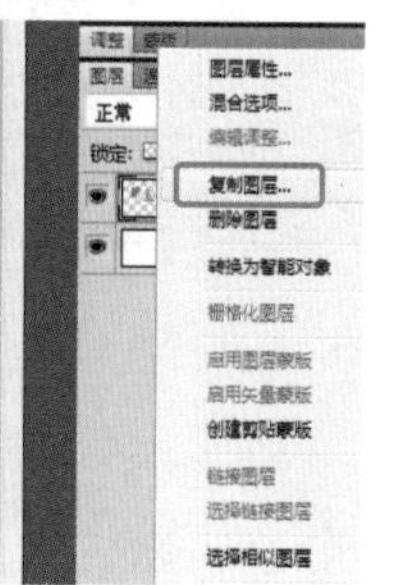 |
| **3 垂直翻转**<br>单击图层 1，将其确定为当前图层，使用快捷键 Ctrl+T，再单击鼠标右键，在弹出的菜单中选择“垂直翻转”命令。 | 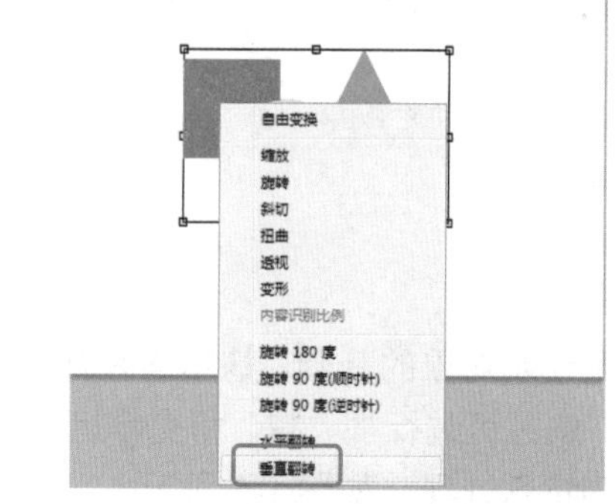 |
| **4 调整图层不透明度**<br>将图层 1 上的对象适当下移，使之与图层 1 副本上的对象呈垂直镜像效果，然后调整图层 1 的不透明度值到 40%左右，这样，一个对象的倒影效果就制作完成。 | 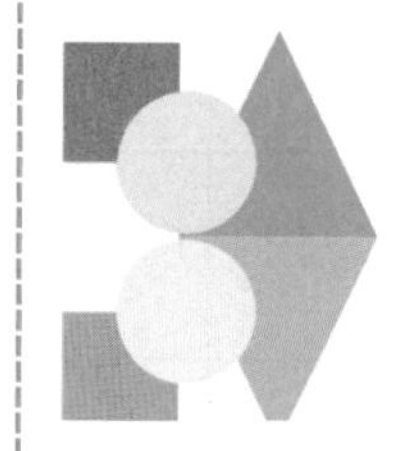  |

## 学习任务单

### 一、学习方法建议

观看微课→预操作练习→听课（老师讲解、示范、拓展）→再操作练习→完成学习任务单

| 二、学习任务 | |
|---|---|
| 1. 绘制正方形边框 | □ |
| 2. 绘制正圆环 | □ |
| 3. 显示/隐藏网格 | □ |
| 4. 绘制等腰三角形 | □ |
| 5. 图层属性一可视 | □ |
| 6. 图层属性一可锁定 | □ |
| 7. 图层属性一可移动 | □ |

| 三、困惑与建议 |
|---|
| |

# 任务四 建立选区

微课资源

## 一、任务导入

建立选区是绘制对象的基础，基本选区有矩形、椭圆、多边形和任意形状，对选区可进行加、减、相交等运算，还可以对选区进行羽化、模糊等特殊处理，如图 1-5 所示。

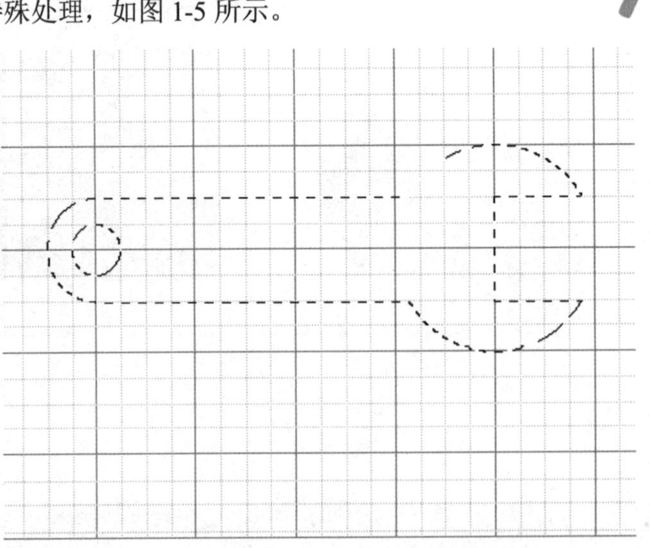

图 1-5 建立选区及羽化选区填充前后的比照

## 二、任务实施

| 步　骤 | 说明或截图 |
| --- | --- |
| **1 显示网格**<br>创建一个新的图像文件，再新建一个图层，按快捷键 Ctrl+'显示网格线，以方便用选取工具建立图形。 | 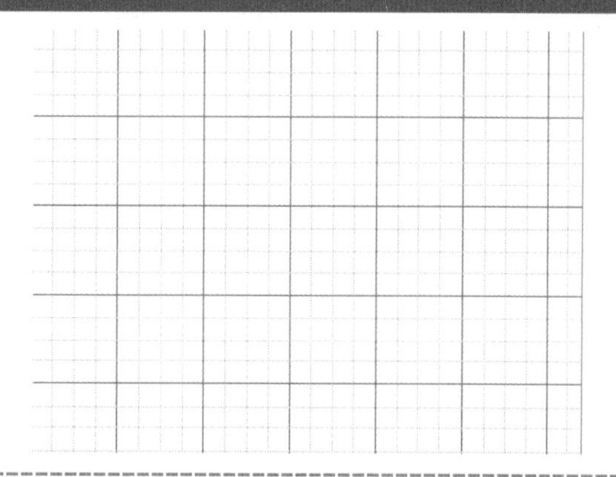 |
| **2 选区建立**<br>（1）使用矩形选框和椭圆选框工具，在“选项”栏上选择“添加到选区”操作，得到如图（a）所示的选区；<br>（2）使用椭圆选框工具，在“选项”栏上选择“从选区减去”操作，得到如图（b）所示的选区；<br>（3）使用椭圆选框工具，在“选项”栏上选择“添加到选区”操作，得到如图（c）所示的选区；<br>（4）使用矩形选框工具，在“选项”栏上选择“从选区减去”操作，得到如图（d）所示的选区。 | 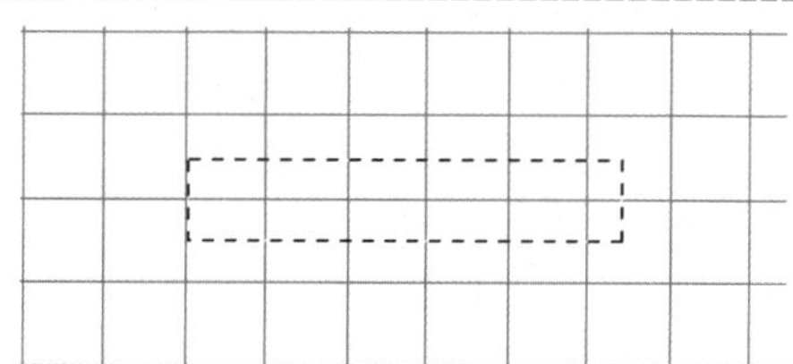<br>（a）<br>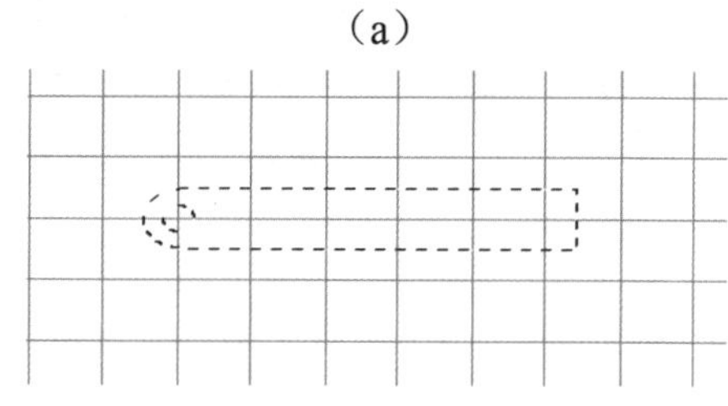<br>（b）<br>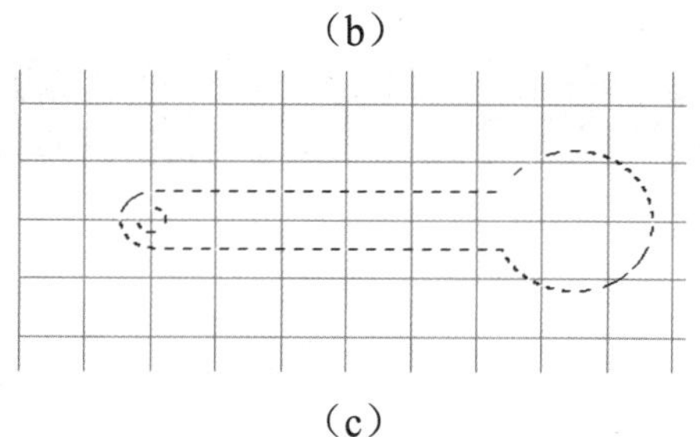<br>（c）<br>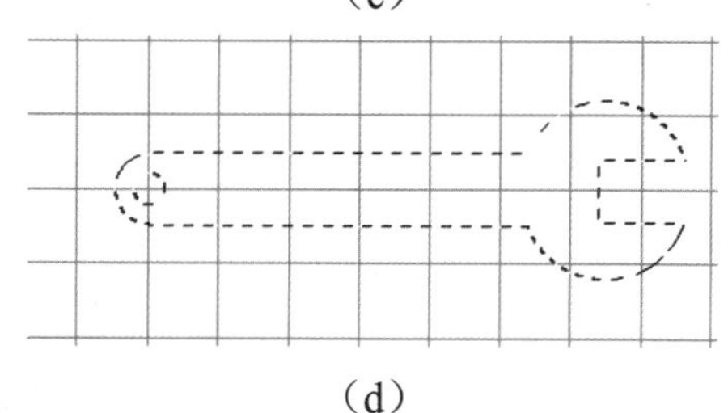<br>（d） |

3 渐变工具

单击渐变工具，再单击选项栏上的“编辑渐变”按钮，打开“渐变编辑器”对话框。

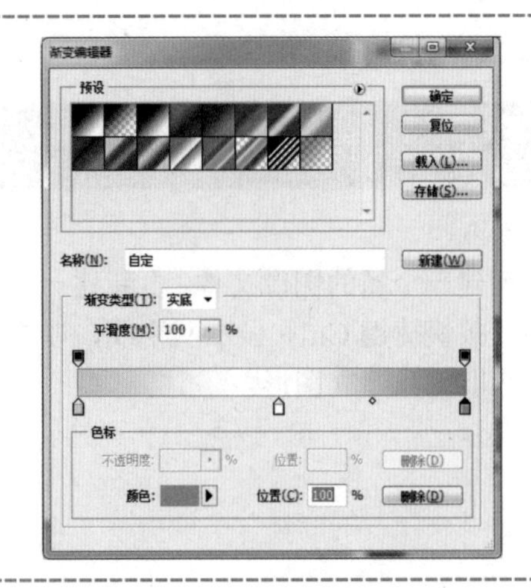

4 渐变填充

在渐变编辑器的中间设定好相应的色标，单击“确定”按钮退出；

单击选项栏上的“线性渐变”按钮，对选区进行“线性渐变”填充。

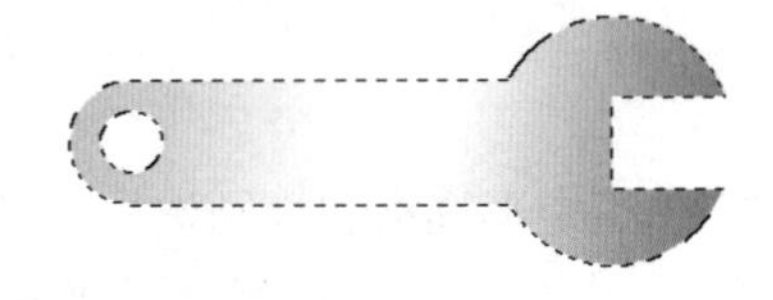

5 显示/隐藏选区

快捷键 Ctrl+H 可设置选区的隐藏和显示；它与快捷键 Ctrl+D 取消选区不同。

## 三、任务拓展

在 Photoshop 的渐变填充中，一共包括了五种类型：线性、径向、角度、对称和菱形，具体操作步骤如下：

| 步　　骤 | 说明或截图 |
| --- | --- |
| 1 渐变编辑器<br>打开“渐变编辑器”窗口，单击预设中的“色谱”按钮，设定填充的内容为“色谱”，单击“确定”按钮退出。 | 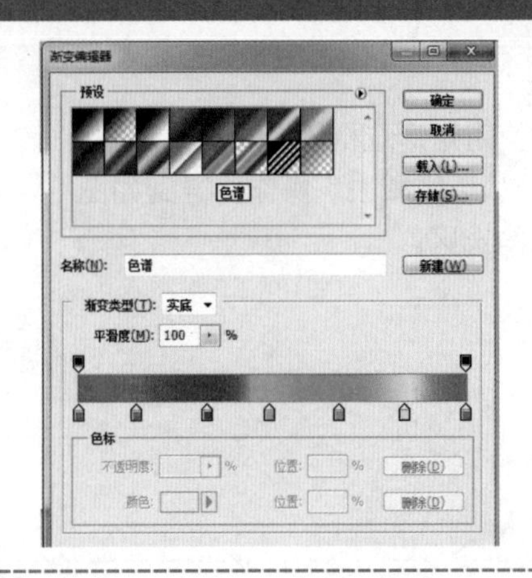 |

2 建立选区

按快捷键 Ctrl+' 调出网格线，用 Alt 键确定相同的圆心；使用椭圆选框工具，用大圆减小圆的办法，得到一个环形选区。

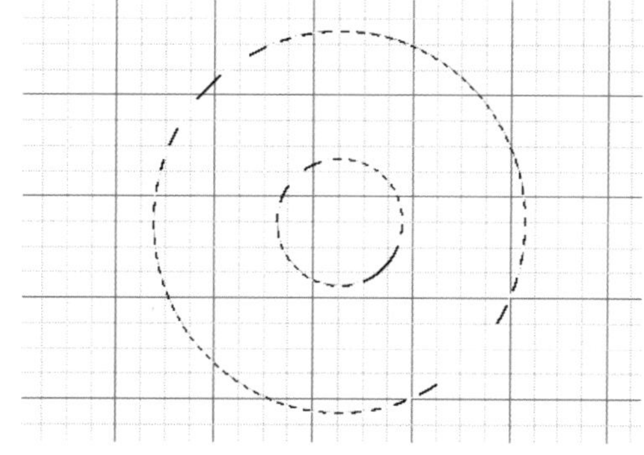

3 线性渐变

单击选项栏上的“线性渐变”按钮，按住左键，自选区的左侧移动至右侧，在环形选区上得到一个自左向右的“线性渐变”效果。

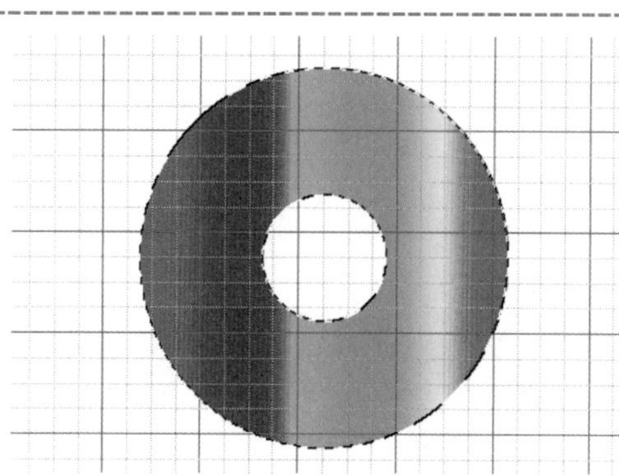

4 径向渐变

单击选项栏上的“径向渐变”按钮，按住左键，自圆心开始向边界移动鼠标，在环形选区上得到一个自左向右的“径向渐变”效果。

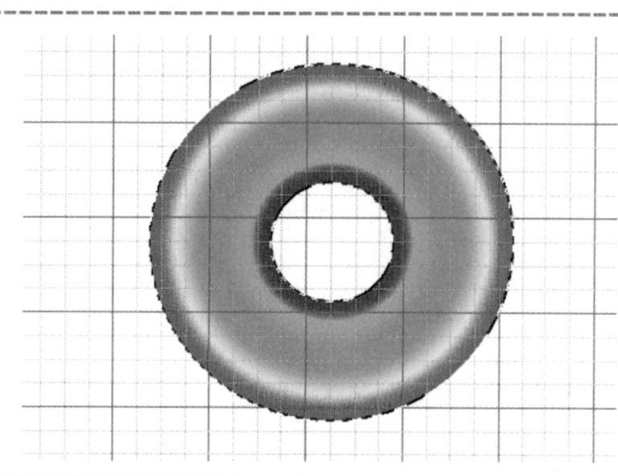

5 角度渐变

单击选项栏上的“角度渐变”按钮，按住左键，自圆心开始向边界移动鼠标，在环形选区上得到一个自左向右的“角度渐变”效果。

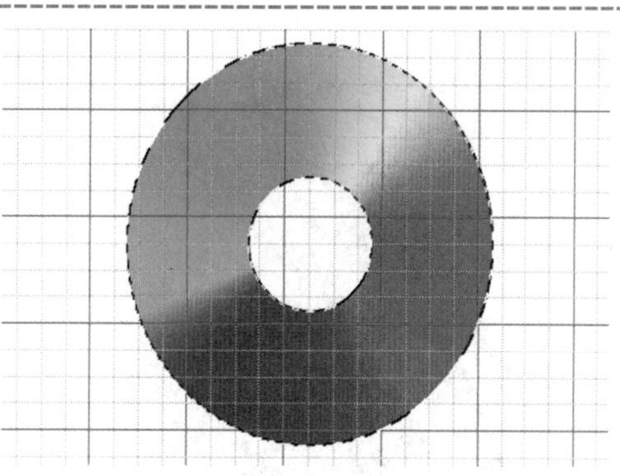

## 学习任务单

| 一、学习方法建议 | |
|---|---|
| 观看微课→预操作练习→听课（老师讲解、示范、拓展）→再操作练习→完成学习任务单 | |
| 二、学习任务 | |
| 1. 显示/隐藏网格 | □ |
| 2. 加选区 | □ |
| 3. 减选区 | □ |
| 4. 绘制扳手形选区 | □ |
| 5. 绘制圆环形选区 | □ |
| 6. 编辑渐变编辑器 | □ |
| 7. 填充不同类型的渐变 | □ |
| 三、困惑与建议 | |
| | |

# 任务五　魔棒工具

## 一、任务导入

魔棒是常见的对象选取工具之一，与“选项”栏上的“容差”值配合，尤其适合简单背景或纯色背景的对象选取，如图 1-6 所示。

图 1-6　用魔棒进行对象选取

## 二、任务实施

| 步　骤 | 说明或截图 |
| --- | --- |
| **1 打开文件**<br>启动 Photoshop，单击“文件→打开”菜单命令，打开一个图像文件。 |  |
| **2 选区建立**<br>使用魔棒工具并在“选项”栏上选择“添加到选区”，在画面上单击以建立相应的选区。 |  |
| **3 调整“容差”**<br>在选项栏上将“容差”的值由默认的 32 调整为 40，以加快选取的速度，将画面中鸟之外的部分全部选中。 |  |

**4 反选**

使用快捷键：Ctrl+ Shift+I 对当前的选择范围执行反选，得到我们所需要对象——鸟的选区。

**5 剪切、粘贴**

执行剪切、粘贴操作，将“去背”后的鸟粘贴至一个新的图层。

**6 剪切、粘贴**

删除原先鸟所在的图层同时去掉背景图层的“可视”属性，得到透明图片的显示效果。

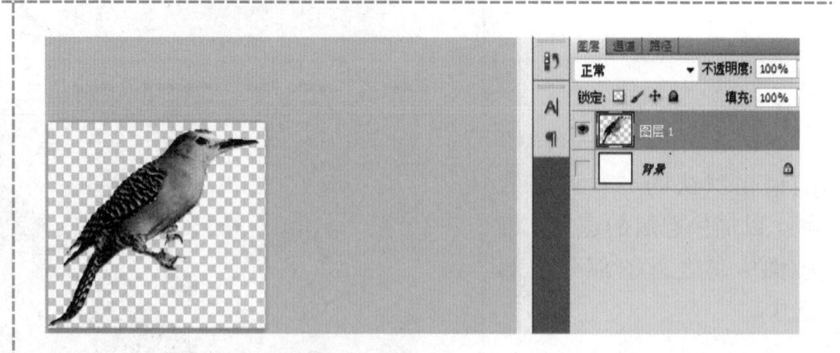


**7 存储为透明图片**

单击“文件→存储为 Web 和设备所用格式”菜单命令，在弹出的对话框中将“预设”设置为“PNG－24”，再单击“存储”按钮，完成透明图片的保存。

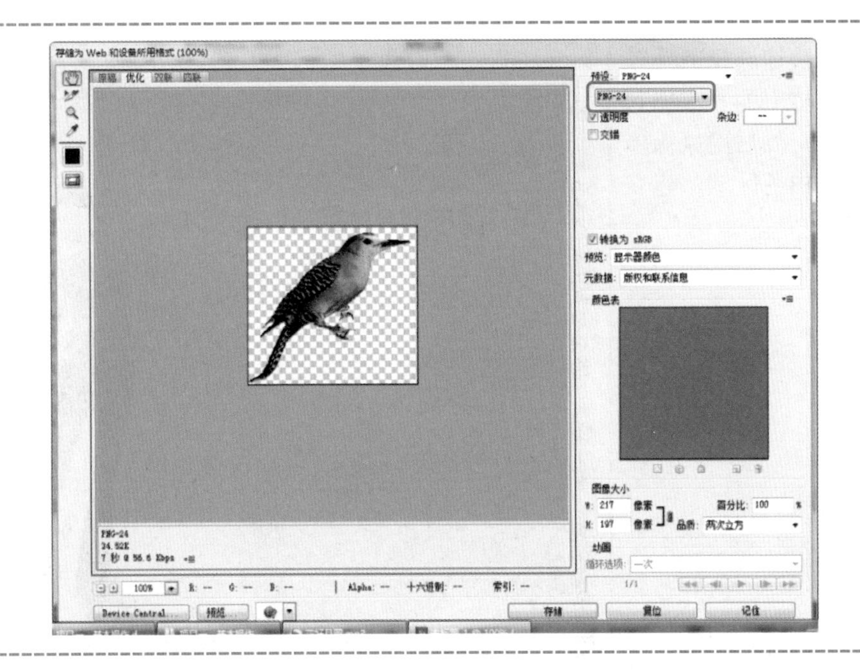


## 三、任务拓展

Photoshop 中的快速选择工具与魔棒工具类似，只是没有“容差”选项，用于单色背景对象的快速选取，具体操作步骤如下：

| 步　骤 | 说明或截图 |
| --- | --- |

1　在 Photoshop 中打开一张单色背景的图片。

2 单击“快速选择工具”，再单击选项栏上的“添加到选区”按钮，然后用鼠标单击图片中的白色区域，建立选区。

3 按快捷键 Ctrl+Shift+I，执行“反选”操作；按快捷键 Ctrl+X、Ctrl+V 将选取的内容粘贴至新的图层；去掉背景图层的“可视”属性，得到透明图片的显示效果。

4 单击“文件→存储为 Web 和设备所用格式”菜单命令，在弹出的对话框中将“预设”设置为“PNG－24”，再单击“存储”按钮，完成透明图片的保存。

## 学习任务单

| 一、学习方法建议 |
| --- |
| 观看微课→预操作练习→听课（老师讲解、示范、拓展）→再操作练习→完成学习任务单 |
| 二、学习任务 |
| 1．用魔棒工具建立选区 ☐<br>2．调整“容差”的值 ☐<br>3．用快速选择工具建立选区 ☐<br>4．调整笔头大小 ☐<br>5．导出为 GIF 透明图片 ☐<br>6．导出为 PNG 透明图片 ☐ |
| 三、困惑与建议 |
|  |

# 任务六　切片

## 一、任务导人

我们通常所看到的各类网页都是由前、后台所构成的，前台往往是用 Photoshop、Fireworks 这类的平面设计软件来做效果图，然后用“切片”生成图片，在 Dreamweaver 这类的网页排版软件中进行封装。后台则对应 HTML 代码和数据库等，如图 1-7 所示。

图 1-7　用 Photoshop 所制作的网页效果图

## 二、任务实施

| 步　骤 | 说明或截图 |
|---|---|
| **1 打开文件**<br>启动 Photoshop，打开一个已设计好的网页效果图文件。 | 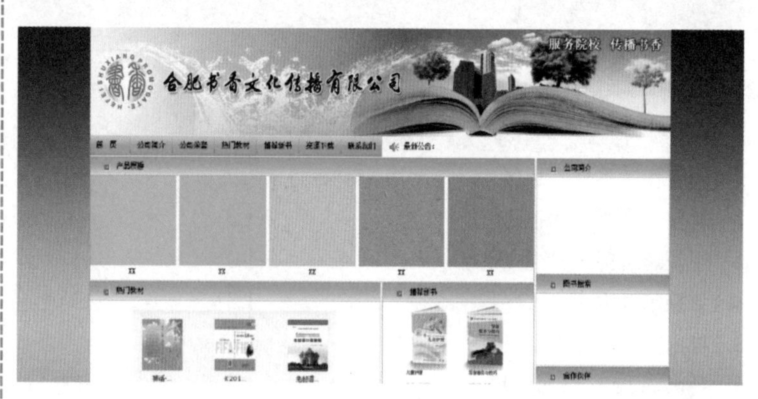 |
| **2 建立 Banner 切片**<br>使用切片工具在 Banner 图片上绘制切片，使其尺寸大小与 Banner 图片相当。 |  |
| **3 查看“切片”大小**<br>使用切片工具，在切片上双击，打开“切片选项”对话框，在其中可看到切片的宽度、高度尺寸大小。 | 切片选项<br>切片类型(S): 图像<br>名称(N): web_02<br>URL(U):<br>目标(R):<br>信息文本(M):<br>Alt 标记(A):<br>尺寸<br>X(X): 131　W(W): 1000<br>Y(Y): 0　H(H): 180<br>切片背景类型(L): 无　背景色:<br>确定　复位 |

### 4 建立导航栏切片

使用切片工具在导航栏上绘制切片，宽度仅取 1 px。

注：1 px 宽的切片在网页排版中应用很普遍，将其沿纵向或横向平铺，即可实现完整的一整行或一整列图片的切片效果，从而大大提高网页的浏览速度。

### 5 建立栏目标题切片

使用切片工具在栏目标题上绘制切片，宽度也取 1 px，这样可实现标题栏上的渐变填充效果。

### 6 导出切片

单击“文件→存储为 Web 和设备所用格式”菜单项，打开相应的对话框。

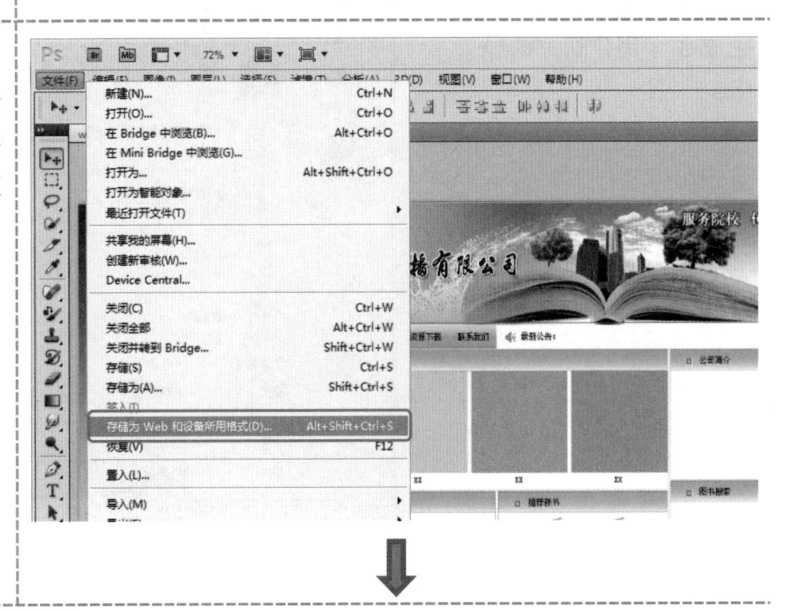

将“预设”设置为：JPEG、高，单击“存储”按钮，转到“下一步”。

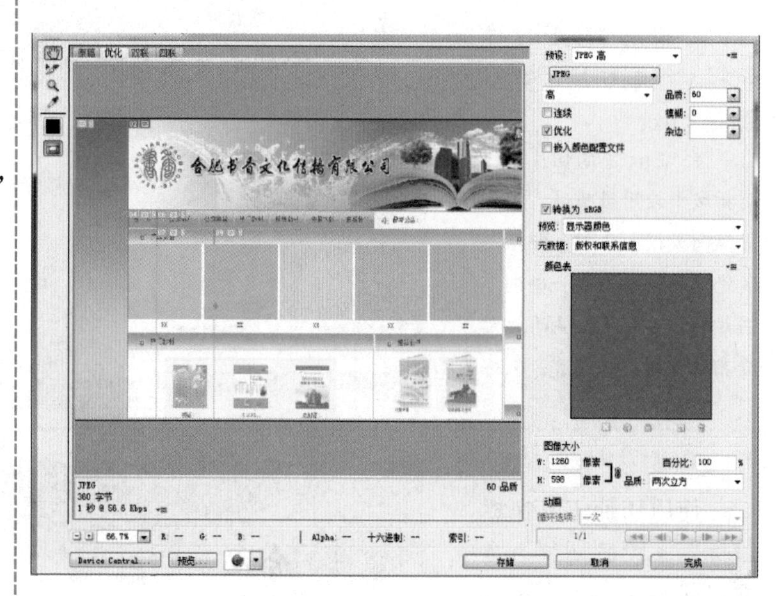

**7 存储切片**

在“将优化结果存储为”对话框中设定：

格式：仅限图像；

切片：所有用户切片；

单击“保存”按钮，完成 3 个用户切片的导出。

8 检验切片

打开切片所导出的“images”文件夹，可以看到 3 个图片，其名称采用了自动编号，其尺寸大小正如当初在 Photoshop 中所设定的。

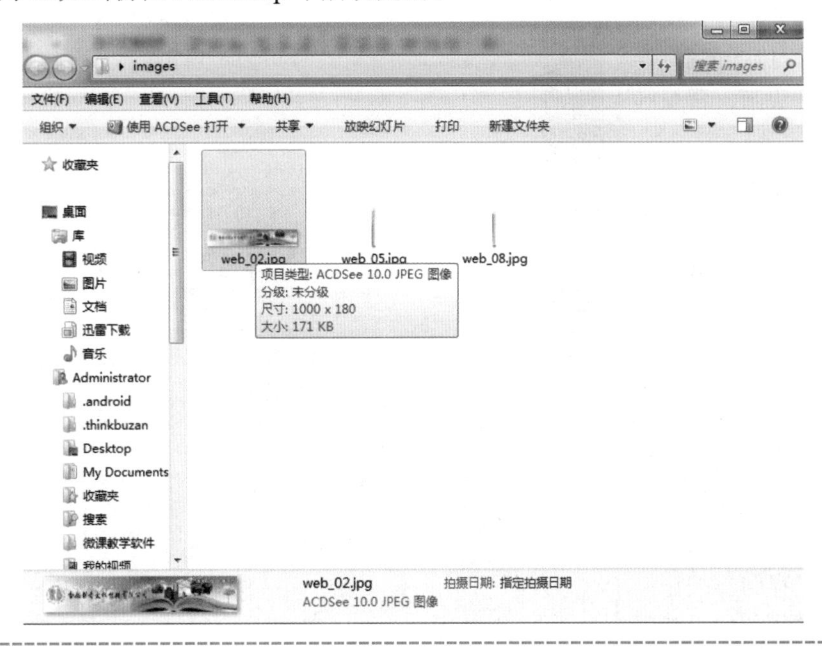


## 三、任务拓展

在 Photoshop 中利用切片，对如图 1-8 所示的图片进行切片，以生成 HTML 格式的网页文件，具体操作步骤如下。

图 1-8 网页效果图

| 步　骤 | 说明或截图 |
| --- | --- |
| 1 在 Photoshop 中打开要生成网页的图片，使用切片工具，对 Banner、导航栏、栏目头部、背景等进行切片。<br>除了 Banner 图片之外，其他尽量切为 1 px 宽的图片，以减小网页的体积大小，提高网页浏览的速度。 | 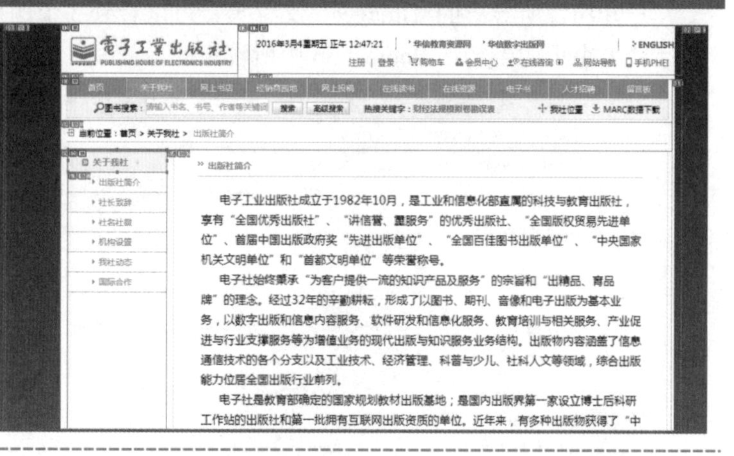 |
| 2 单击"文件→存储为 Web 和设备所用格式"菜单项，打开相应的对话框，在"预设"中设定：JPEG、高，单击"存储"按钮；<br>在"将优化结果存储为"对话框中设定：<br>格式：HTML 和图像；<br>切片：所有用户切片；<br>单击"保存"按钮，完成 HTML 网页文件的导出。 | 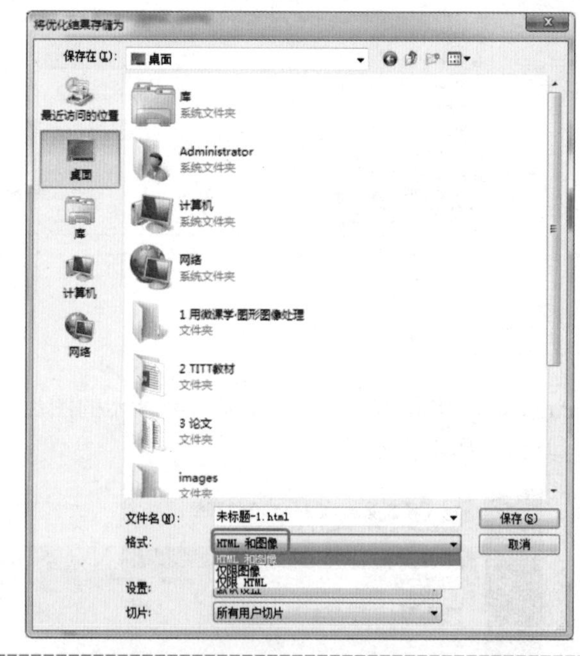 |
| 3 双击"导出"的 HTML 文件，即可在浏览器中打开，也可将其在 Dreamweaver 这类的网页排版软件中编辑。<br>注：背景、栏目标题上的 1px 图片，在 Dreamweaver 中将作为单元格背景图片进行"平铺"。 | 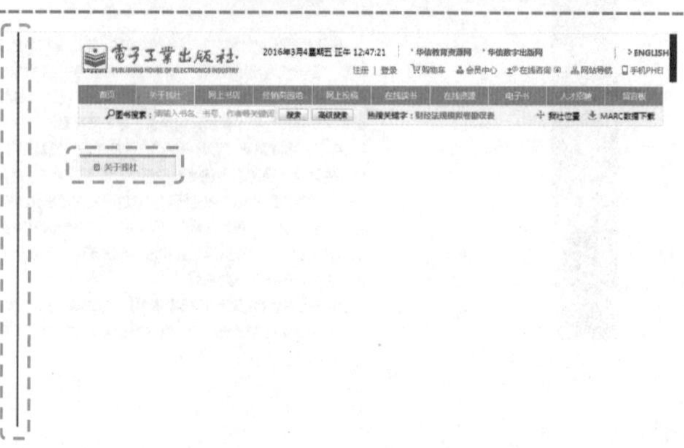 |

## 学习任务单

| 一、学习方法建议 | |
|---|---|
| 观看微课→预操作练习→听课（老师讲解、示范、拓展）→再操作练习→完成学习任务单 | |
| 二、学习任务 | |
| 1. 绘制网页效果图并进行图层合并 | ☐ |
| 2. 切片 | ☐ |
| 3. 检验并调整切片的尺寸大小 | ☐ |
| 4. 导出切片为 GIF 透明图片 | ☐ |
| 5. 导出切片为 JPEG 图片 | ☐ |
| 6. 导出切片为 html 网页文件 | ☐ |
| 三、困惑与建议 | |
| | |

# 任务七　仿制图章

## 一、任务导入

仿制图章工具通常又称为“克隆”工具，可制作出移花接木、千手观音等神奇效果，如图 1-9 所示。

图 1-9　仿制图章“克隆”手臂

## 二、任务实施

| 步　　骤 | 说明或截图 |
| --- | --- |
| **1 打开文件**<br>启动 Photoshop，打开一幅图片并将仿制图章工具选中。 |  |
| **2 去除画面中的元素**<br>在要去除的区域旁按住 Alt 键再单击鼠标，设置“源点”，然后对准目标区域进行涂抹，用“源画面”覆盖目标区域。<br>注：为了保证精度，需不断在“源点”取样，并在目标区域涂抹。 |  |
| **3 复制画面中的元素**<br>将鼠标移至右下方的树，按住 Alt 键再单击鼠标，设置好“源点”画面，然后在目标区域中涂抹，直到一颗树完整再现。 |  |

## 三、任务拓展

利用仿制图章工具进行人物手臂的“克隆”，制作“千手”的效果，如图 1-9 所示。具体操作步骤如下：

<table>
<tr><th>步　　骤</th><th>说明或截图</th></tr>
<tr><td>1 在 Photoshop 中打开一幅图片，根据图片的实际情况，可考虑用魔棒工具，调整“容差”选项，对人物进行“去背”处理；<br>同时，将仿制图章工具选定。</td><td><br></td></tr>
<tr><td>2 在胳膊所在的位置，按住 Alt 键再单击鼠标，设置好“源点”；<br>新建一个图层，用仿制图章工具对胳膊所在的区域涂抹，得到一支胳膊效果。</td><td>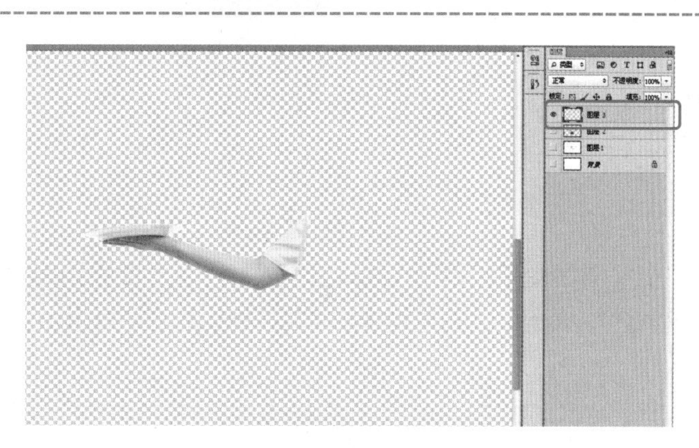</td></tr>
</table>

3 将其他各图层前面的“眼睛”图标点亮，对单只胳膊所在的图层对象，按快捷键Ctrl+T进行自由变换→旋转，得到如图所示的效果，其他不再赘述。

## 学习任务单

| 一、学习方法建议 | |
|---|---|
| 观看微课→预操作练习→听课（老师讲解、示范、拓展）→再操作练习→完成学习任务单 | |
| 二、学习任务 | |
| 1．使用仿制图章工具进行“源点”取样 | □ |
| 2．使用仿制图章工具进行“目标区域”涂抹 | □ |
| 3．调整仿制图章的尺寸大小 | □ |
| 4．调整仿制图章不透明度的大小 | □ |
| 三、困惑与建议 | |
| | |

# 任务八 图案图章

## 一、任务导入

使用图案图章工具可对指定的选区，以预设的图案或自定义的图案进行填充，可高效地制作产品的包装纸等效果，如图 1-10 所示。

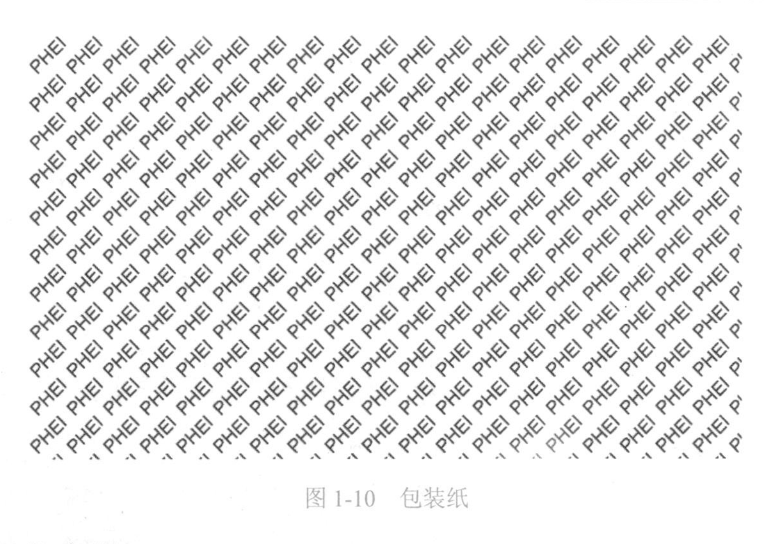

图 1-10 包装纸

## 二、任务实施

| 步　骤 | 说明或截图 |
| --- | --- |
| **1 建立图案**<br>启动 Photoshop，新建一个 80×80 像素的文件，准备建立图案。 | 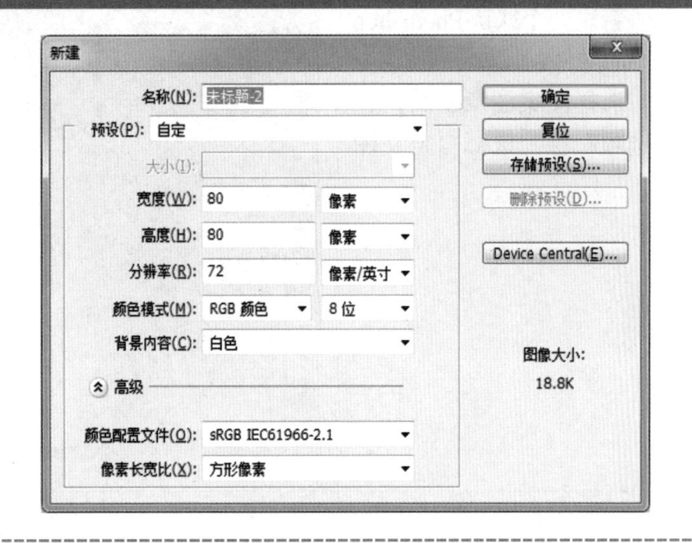 |
| **2 制作图案**<br>输入文字“I you”，再新建一层，使用自定形状工具绘制一个“心”形图案； |  |

同时选定两个图层，使用快捷键 Ctrl+E 将其合并；

使用快捷键 Ctrl+T，将图案旋转 45° 角。

3 定义图案

单击“编辑→定义图案”菜单命令，将图案以名称“图案 1”加以保存。

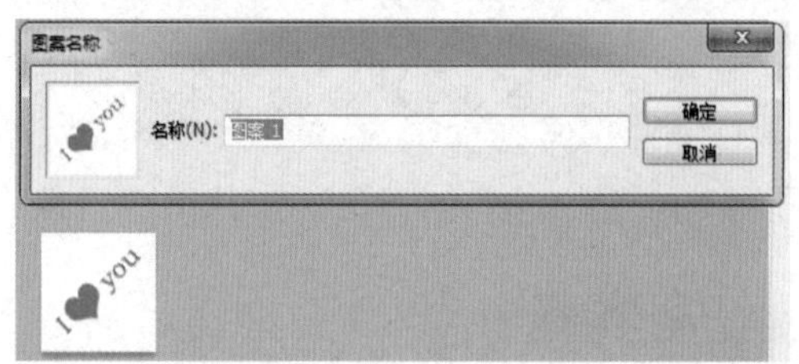

4 新建文件

新建一个默认 Photoshop 大小的文件；

选择图案图章工具，在“选项”栏上选择自定义图案。

5 填充图案

使用图案图章工具在画面上涂抹，一个产品的包装纸效果就绘制完成。

注：可调整图案图章工具的笔头大小，以加快图案填充的速度。

## 三、任务拓展

利用图案图章工具和自由变换工具的组合，可以制作一面方格旗，具体操作步骤如下：

| 步　　骤 | 说明或截图 |
| --- | --- |
| 1 启动 Photoshop，新建一个 80×80 像素的文件；<br>使用矩形选框工具，在“选项”面板上设置：固定大小、40×40 像素；<br>绘制两个矩形，呈对角线状，并填充黑色。 | 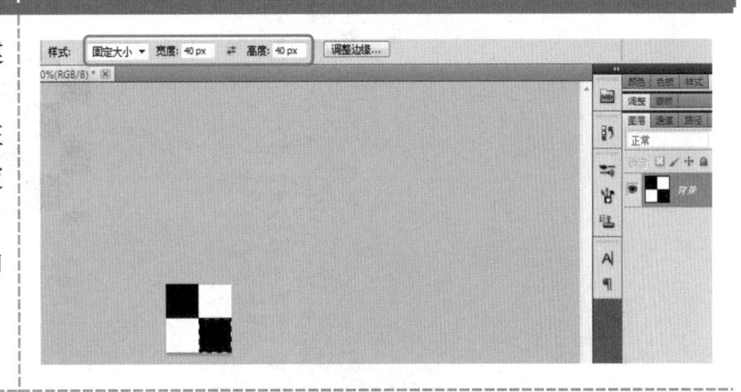 |
| 2 单击“编辑→定义图案”菜单命令，将图案以指定名称加以保存。 | 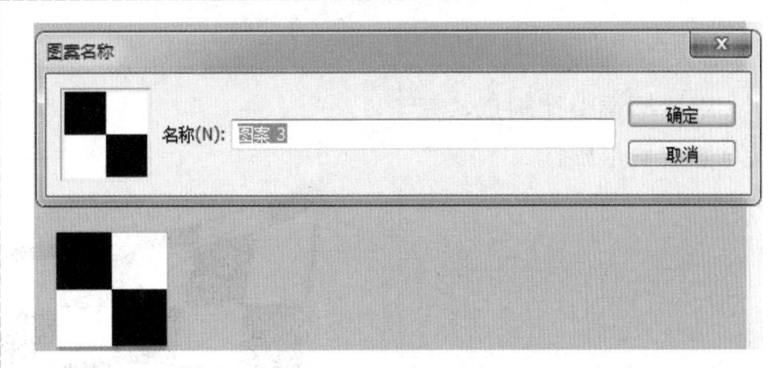 |
| 3 新建一个文件，再新建一图层，绘制一个矩形选区，以图案图章工具填充选区。 | 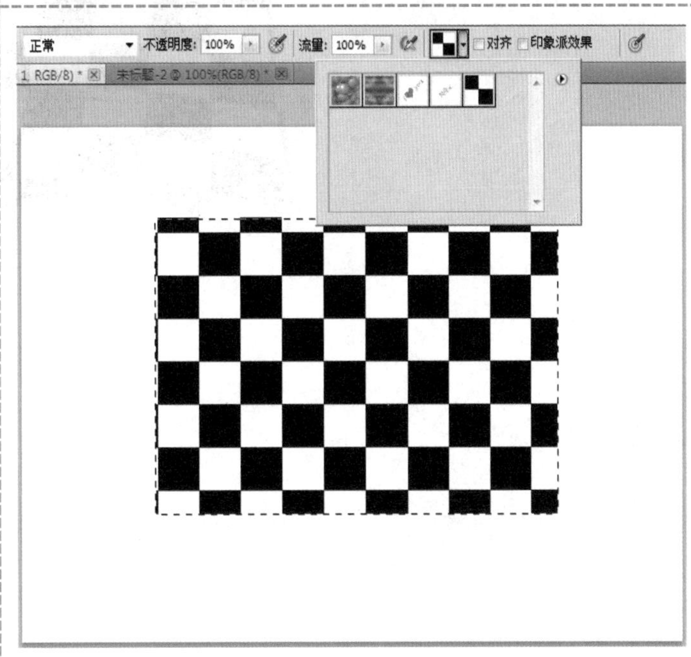 |

4 单击“编辑→变换→变形”菜单命令，在矩形选区之上就添加了九宫格变形控制。

5 用鼠标调整控制点，完成对象的变形操作。

## 学习任务单

### 一、学习方法建议

观看微课→预操作练习→听课（老师讲解、示范、拓展）→再操作练习→完成学习任务单

| 二、学习任务 | |
|---|---|
| 1．建立图案 | □ |
| 2．定义图案 | □ |
| 3．用图案图章对指定的选区用图案进行填充 | □ |
| 4．对填充的内容进行“变换→变形” | □ |

| 三、困惑与建议 |
|---|
| |

# 任务九 历史笔

## 一、任务导入

使用历史笔工具可对历史记录面板上的“源”画面上指定的区域进行真实再现，例如：在数码照片的修复过程中，往往会遇到要对脸上的雀斑进行“磨皮”操作，此时，历史笔就排上用场，如图 1-11 所示。

图 1-11 磨皮

## 二、任务实施

| 步　骤 | 说明或截图 |
| --- | --- |
| **1 打开图片**<br>启动 Photoshop，打开一幅待“磨皮”的图片，将图片所在的图层复制一层。 |  |
| **2 特殊模糊**<br>单击“滤镜→模糊→特殊模糊”菜单命令，在打开的对话框中，调整半径、阈值，使雀斑基本消失。<br>注：特殊模糊基本去除了雀斑，但使五官及头发等也变得不清楚，需要用历史笔进行五官轮廓的恢复。 | 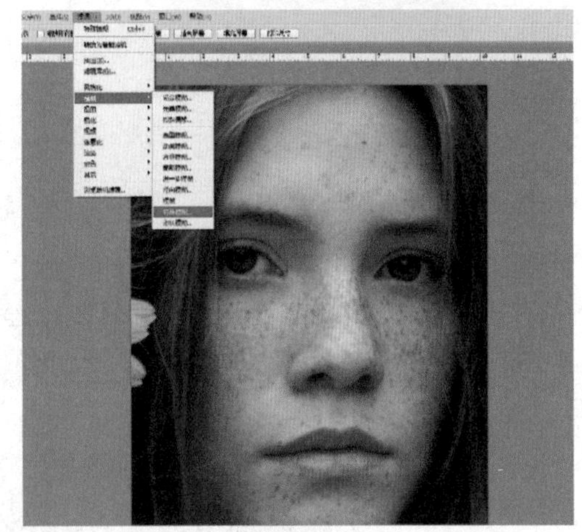<br>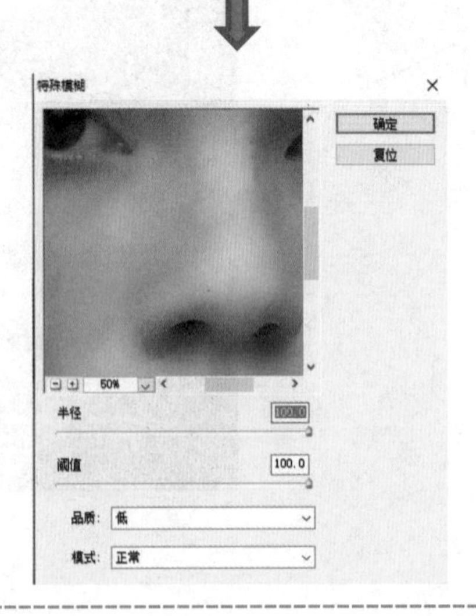 |

### 3 设置历史记录画笔“源”画面

单击“窗口→历史记录”菜单命令，打开“历史记录”功能面板；

单击“特殊模糊”上一步“复制图层”最左边的复选框，将历史记录画笔的“源”设置于此。

### 4 还原五官及轮廓

用历史记录画笔在五官及轮廓处涂抹，以恢复这些部分清晰的效果。

使用快捷键 Ctrl+M 调出“曲线”对话框，调节曲线，使整个画面点亮，以达到美白的效果。

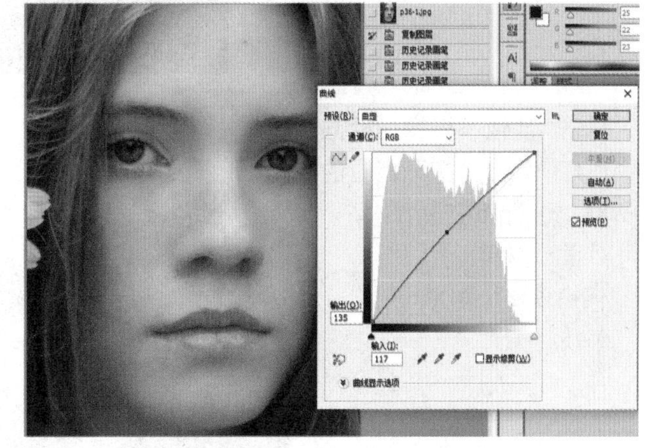


### 5 最终效果

雀斑消失、美白、五官轮廓清晰，如右图所示。

## 三、任务拓展

利用历史记录画笔工具和径向模糊命令的组合，可以制作动感图片效果，具体操作步骤如下：

| 步　　骤 | 说明或截图 |
| --- | --- |
| 1　使用 Photoshop 打开一幅图片。 |  |
| 2　单击“滤镜→模糊→径向模糊”菜单命令，打开相应的对话框，进行相应设置：<br>数量：100;<br>模糊方法：缩放;<br>品质：好。 |  |
| 3　径向模糊的效果如右图所示。 |  |

4 单击“窗口→历史记录”菜单命令，打开“历史记录”功能面板；

将历史记录画笔的“源”设置在径向模糊的上一步；

用历史记录画笔在中间的教师面部涂抹，得到教师清晰的轮廓效果。

## 学习任务单

| 一、学习方法建议 | |
|---|---|
| 观看微课→预操作练习→听课（老师讲解、示范、拓展）→再操作练习→完成学习任务单 | |
| 二、学习任务 | |
| 1．特殊模糊 | □ |
| 2．径向模糊 | □ |
| 3．打开历史记录面板 | □ |
| 4．设置历史记录画笔的“源” | □ |
| 5．调整历史记录画笔的笔头大小进行涂抹 | □ |
| 三、困惑与建议 | |
| | |

# 任务十　擦除工具

## 一、任务导人

Photoshop 中的擦除工具一共包括 3 种：普通橡皮擦、背景橡皮擦和魔术橡皮擦。普通橡皮擦就是擦除画面上的内容，魔术橡皮擦用于大面积纯色内容擦除，功能最强大的当数背景橡皮擦，它可以按照前景色、背景色的设定，进行内容擦除，例如：抠头发，如图 1-12 所示。

去背前

去背后

图 1-12 用背景橡皮擦抠图

## 二、任务实施

| 步　骤 | 说明或截图 |
| --- | --- |
| **1 打开图片**<br>启动 Photoshop，打开一幅图片，同时将该图层复制一层，关闭最左边的"眼睛"图标以备用。 |  |
| **2 调整色阶**<br>按快捷键 Ctrl+L，打开"色阶"对话框，分别将头发设置为"黑场"，背景色设置为"白场"；<br>色阶调整可使暗的更暗，亮的更亮，更加便于背景橡皮擦的使用。 |  |

### 3 设置背景橡皮擦

单击背景橡皮擦工具，将前景色设定为黑色，背景色设定为白色；

在相应的“选项”面板上设定。

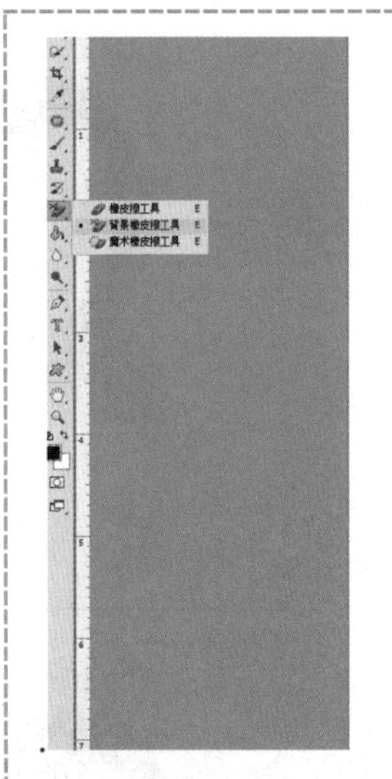

### 4 设置“选项”面板

取样：背景色板；

限制：不连续；

保护前景色：选中。

### 5 擦除背景

使用背景橡皮擦工具擦除背景白色，从而将头发抠出；

按住 Ctrl+单击该图层，以建立选区；

按快捷键 Ctrl+Shift+I，执行反选操作。

| | |
|---|---|
| 隐藏该层，显示下一图层并返回下一图层；<br>按 Del 键，删除背景，完成抠图。 |  |
| 6 **最终效果**<br>添加一个背景层，做渐变填充，最终抠头发的效果如右图所示。 |  |

## 三、任务拓展

利用魔术橡皮擦工具进行纯色背景图片抠图，具体操作步骤如下：

| 步　骤 | 说明或截图 |
|---|---|
| 1 启动 Photoshop，打开一幅图片。 | 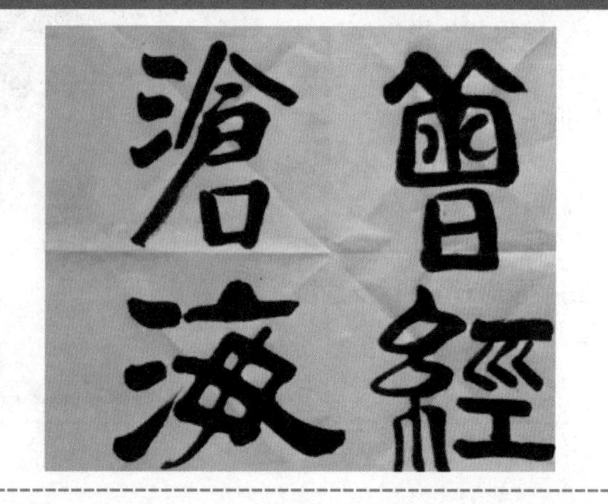 |

| | |
|---|---|
| 2 按快捷键 Ctrl+L，打开“色阶”对话框，将背景色设置为“白场”。 | 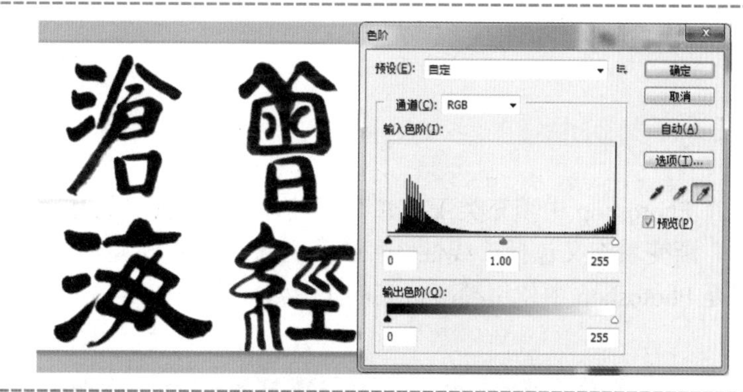 |
| 3 用魔术橡皮擦工具，在图层的白色区域部分单击，完成抠图。 |  |

## 学习任务单

**一、学习方法建议**

观看微课→预操作练习→听课（老师讲解、示范、拓展）→再操作练习→完成学习任务单

**二、学习任务**

1. 调整橡皮擦笔头大小 □
2. 设置背景橡皮擦“选项” □
3. 用色阶设置“黑场” □
4. 用色阶设置“白场” □
5. 魔术橡皮擦的使用 □

**三、困惑与建议**

# 任务十一　填充

## 一、任务导入

在 Photoshop 中填充类工具共有两种：渐变填充、纯色填充，其中，渐变填充又包括：线性、径向、角度、对称和菱形，渐变工具是 Photoshop 中使用频率最高的工具之一，如图 1-13 所示。

图 1-13　用填充工具绘制的效果

## 二、任务实施

| 步　骤 | 说明或截图 |
|---|---|
| 1 线性渐变<br>启动 Photoshop，新建一个图像文件；<br>单击渐变工具，再单击“选项”栏上的“渐变编辑器”按钮，设定好起点和终点的颜色；<br>按住 Shift 键，自上而下做线性渐变。 | 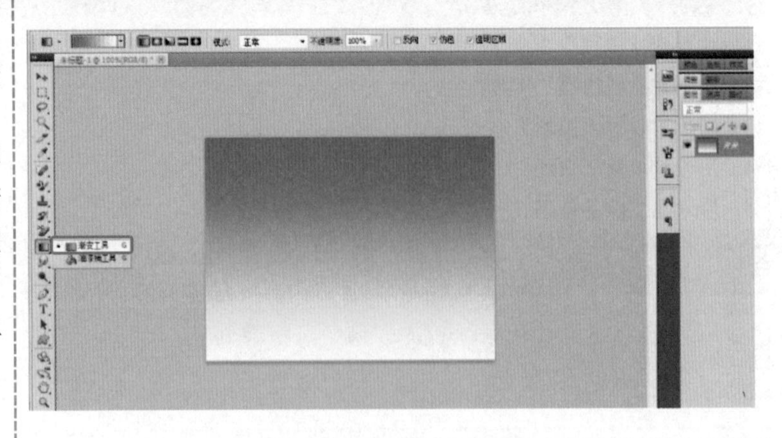 |

2 填充选区

新建多个图层，用多边形套索工具在其上绘制图形；

设置好不同的前景色，用油漆桶工具逐个填充。

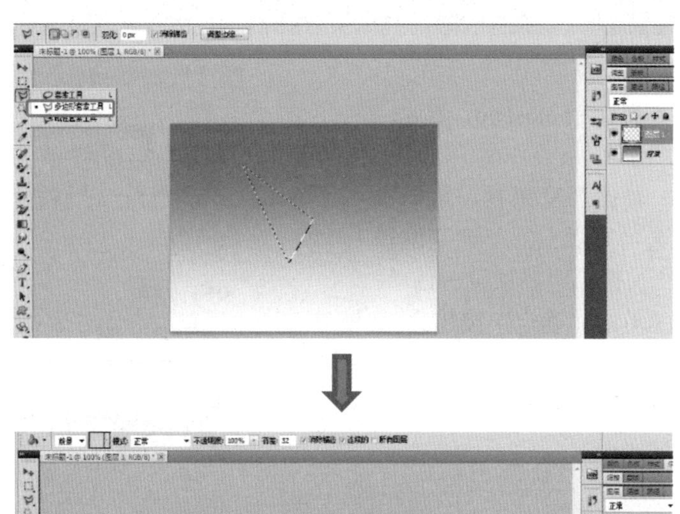

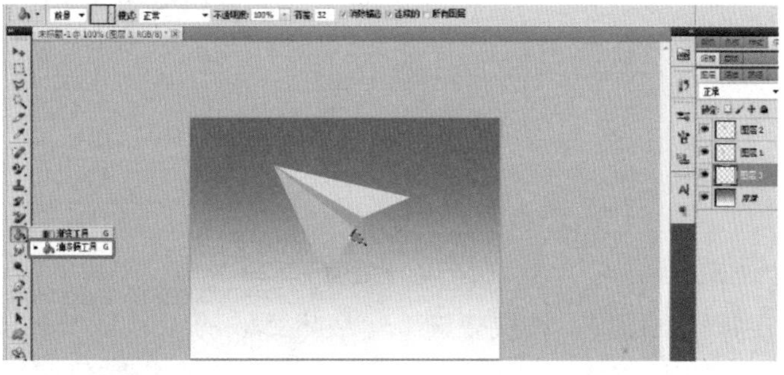

3 最终结果

按 Ctrl+D 快捷键取消选区，完成效果制作。

## 三、任务拓展

使用渐变工具，绘制光盘效果，具体操作步骤如下：

<table>
<tr><th>步　骤</th><th>说明或截图</th></tr>
<tr><td>

1 线性渐变

启动 Photoshop，新建一个图像文件；

单击渐变工具，再单击“选项”栏上的“渐变编辑器”按钮，选择预设→色谱；

单击“确定”按钮。

</td><td>

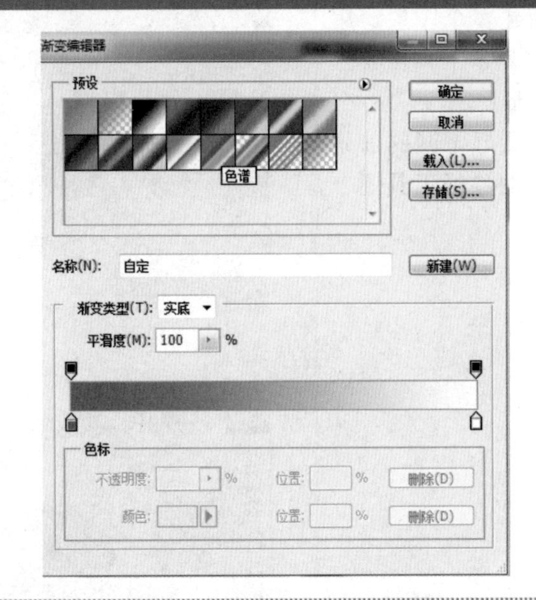


</td></tr>
<tr><td>

2 角度渐变

新建一图层，按快捷键 Ctrl+’调出网格线；

在“选项”栏上单击“角度渐变”按钮，然后在画布上绘制。

</td><td>

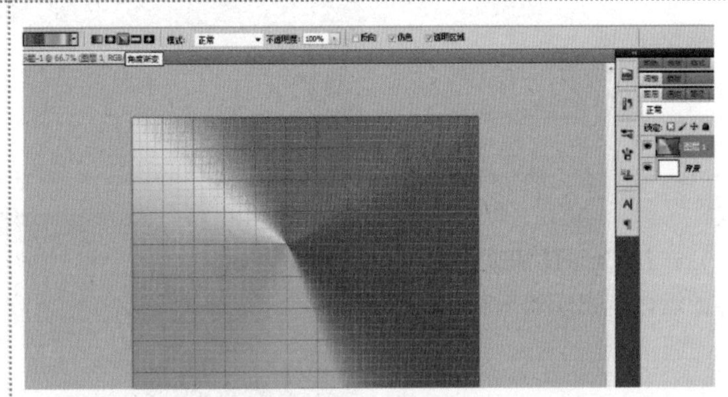

</td></tr>
<tr><td>

3 环形区域

单击椭圆选框工具，以绘制的起点为圆心，采用大圆减小圆的办法，绘制环形区域。

</td><td>

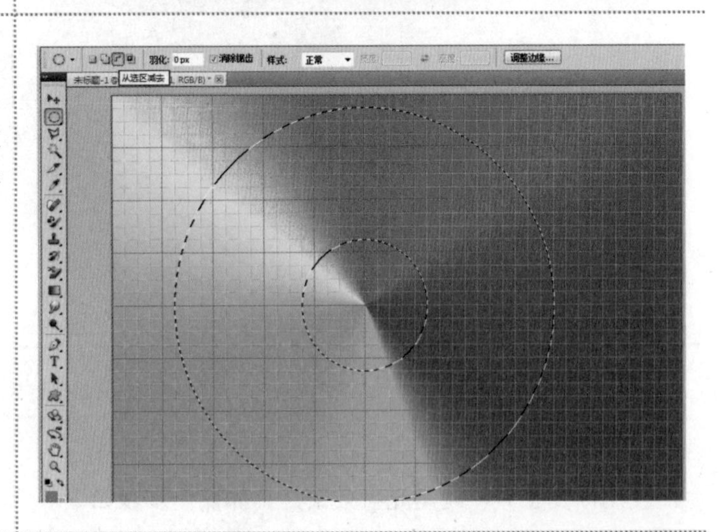

</td></tr>
</table>

### 4 成型

按快捷键 Ctrl+Shift +I 反选，按 Del 键删除，按快捷键 Ctrl+D 取消选区，按快捷键 Ctrl+’隐藏网格线。

一系列的操作之后，光盘成型。

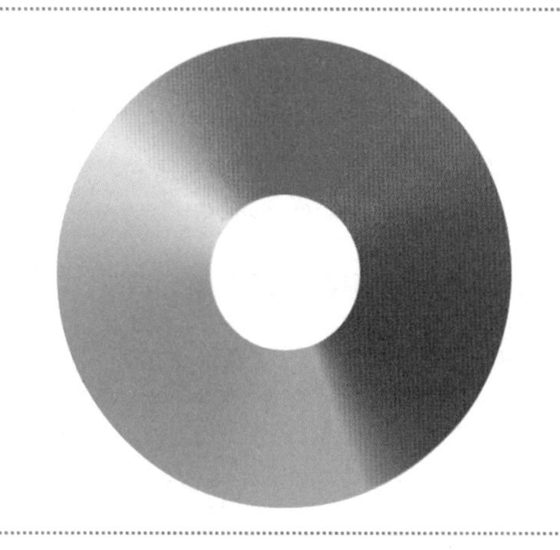

### 5 修饰

新建一图层，按住 Ctrl+单击图层 1，载入光盘选区；

单击“编辑→描边”菜单命令，打开“描边”对话框，进行以下设置：

宽度：8px；

位置：内部。

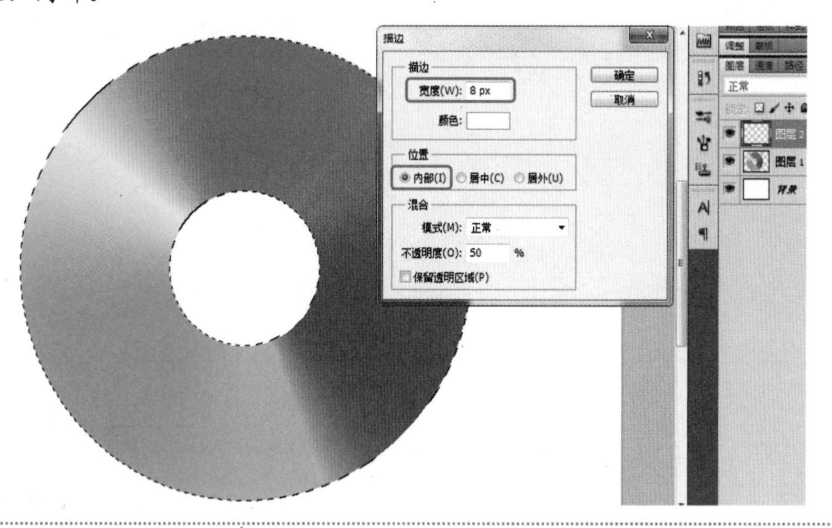


### 6 最终效果

按快捷键 Ctrl+D 取消选区，得到的最终效果如右图所示。

## 学习任务单

| 一、学习方法建议 | |
| --- | --- |
| 观看微课→预操作练习→听课（老师讲解、示范、拓展）→再操作练习→完成学习任务单 | |
| **二、学习任务** | |
| 1. 设置渐变编辑器 | □ |
| 2. 线性渐变 | □ |
| 3. 角度渐变 | □ |
| 4. 编辑→描边 | □ |
| 5. 制作纸飞机 | □ |
| 6. 制作光盘 | □ |
| 7. 其他类型渐变填充 | □ |
| **三、困惑与建议** | |
| | |

# 任务十二 涂抹类工具

## 一、任务导入

在 Photoshop 中，涂抹类的六个工具如：涂抹、减淡、加深等，都是属于辅助类操作工具，使用方法简单，使用这类工具绘制的效果如图 1-14 所示。

图 1-14 涂抹效果

## 二、任务实施

| 步 骤 | 说明或截图 |
| --- | --- |
| **1 线性渐变**<br>启动 Photoshop，新建一个图像文件；<br>单击渐变工具，设定好渐变颜色，按住 Shift 键，自上而下做线性渐变。 | 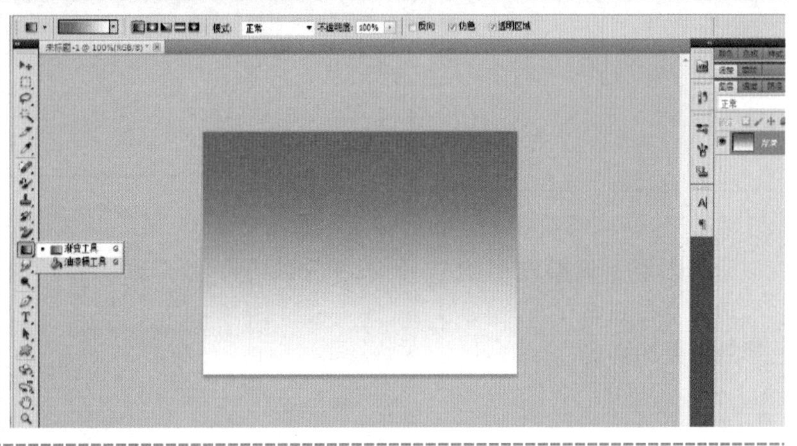 |
| **2 建立云形选区**<br>新建一层，单击套索工具，采用加选模式，创建一些云形选区；<br>填充白色，按快捷键 Ctrl+D 取消选区。 | 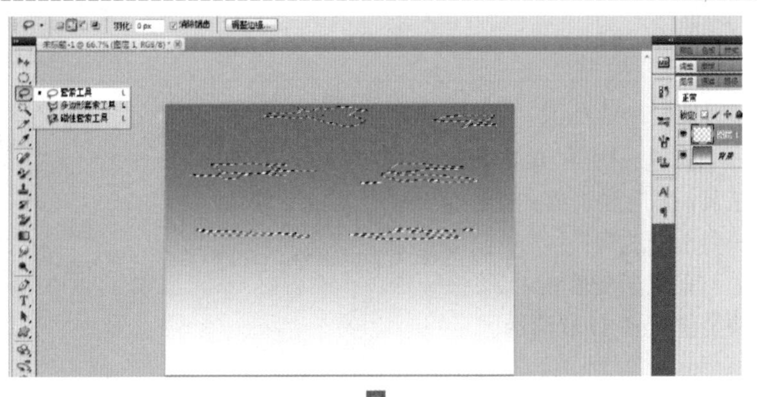<br> |

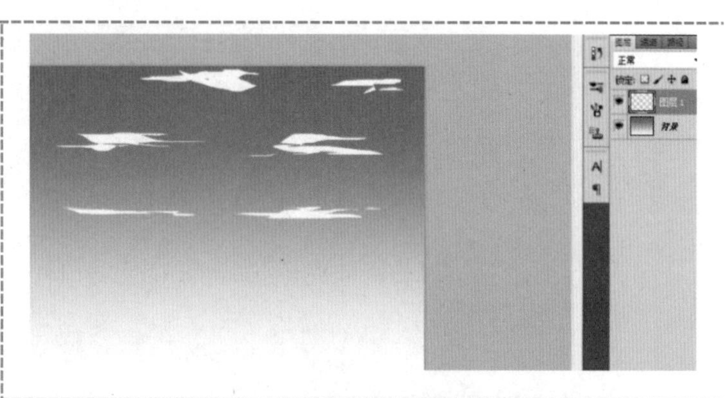

3 涂抹成云形

单击涂抹工具，在“选项”栏调整好笔头大小；

用鼠标对填充白色的对象进行随意涂抹，最终形成云状。

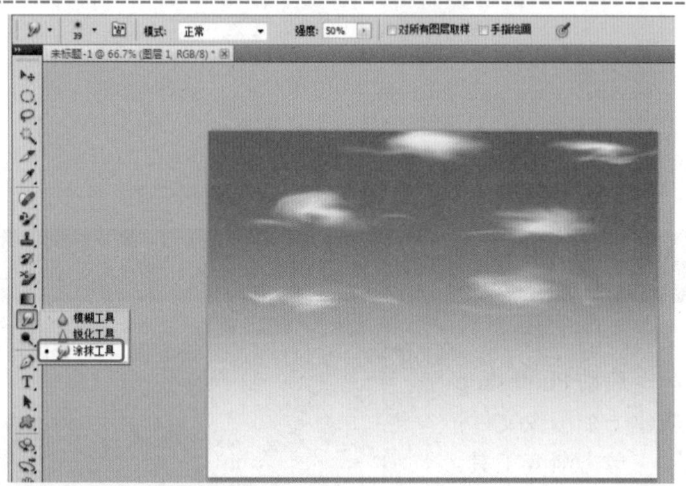

4 降低图层的不透明度

在图层上调整图层的不透明度在60%左右，使云形效果更加真实。

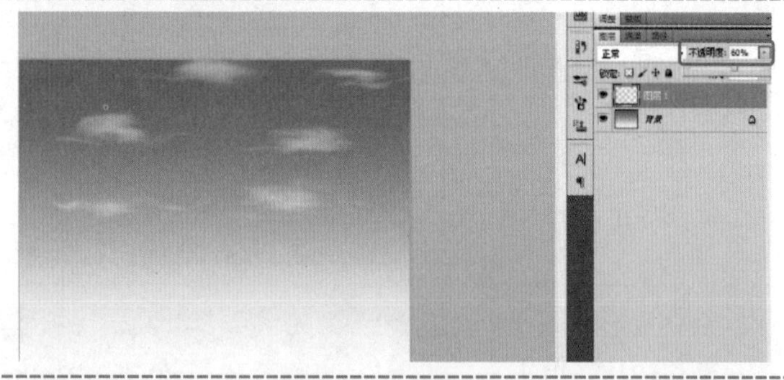

5 建立山形选区

新建一图层，单击套索工具，采用加选模式，创建一些山形选区；

采用渐变填充之后，按快捷键Ctrl+D取消选区。

| | |
|---|---|
| 6 立体化<br>单击减淡或加深工具，将其选中，在“选项”面板上调整好笔头大小；<br>对准山形交替使用减淡、加深工具进行涂抹，直到立体化形成。 |  |
| 7 最终效果<br>将图层的不透明度调整到 80%左右，完成效果制作。 |  |

## 三、任务拓展

利用涂抹工具再配合自由变换，可制作出“凤尾字”这样一类的特效，具体操作步骤如下：

| 步　　骤 | 说明或截图 |
|---|---|
| 1 启动 Photoshop，新建一个图像文件；<br>单击横排文字蒙版工具，输入文字。 | 方正黄草简体 172点 平滑<br>横排文字工具<br>直排文字工具<br>横排文字蒙版工具<br>直排文字蒙版工具 |

2 单击渐变工具，选择“色谱”，对文字选区使用线性渐变；

再将选定的文字“复制/粘贴”至新的图层；

Ctrl+D 取消选区；

3 单击涂抹工具，对图层 1 上的文字按“S”形涂抹，完成制作，效果如右图所示。

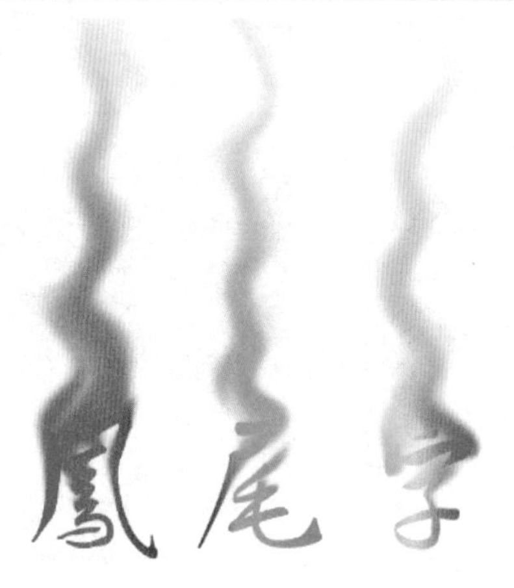

## 学习任务单

### 一、学习方法建议

观看微课→预操作练习→听课（老师讲解、示范、拓展）→再操作练习→完成学习任务单

### 二、学习任务

1. 调整涂抹工具笔头的大小 ☐
2. 云形涂抹 ☐
3. S 形涂抹 ☐
4. 在渐变区域进行减淡 ☐
5. 在渐变区域进行加深 ☐
6. 刻画立体山形 ☐
7. 调整图层不透明度 ☐

| 三、困惑与建议 |
|---|
|  |

# 任务十三　位图绘制

## 一、任务导入

Photoshop 中的画笔是位图绘制的主要工具，且画笔具有丰富的笔触，用画笔所绘制的对象，如图 1-15 所示。

图 1-15　位图绘制

## 二、任务实施

| 步　　骤 | 说明或截图 |
|---|---|
| **1　打开一幅背景图片**<br>用 Photoshop 打开一幅图片，再新建一个图层。 |  |

2 设置画笔笔触

单击画笔工具，在“选项”上设定好笔触大小、硬度等参数；

然后不断调整笔触大小，开始绘制树干。

3 绘制树叶：

将画笔笔触设置成“散布枫叶”，前景色与背景色设置成红色与黄色；

新建一图层，开始绘制树叶。

4 最终效果

调整画笔笔触大小，绘制树叶，最后用橡皮擦做适当修饰，完成效果制作，如右图所示。

## 三、任务拓展

在 Photoshop 中，可利用画笔对指定的路径进行描边，例如：一串珍珠项链的制作，具体操作步骤如下：

| 步　骤 | 说明或截图 |
| --- | --- |
| 1　在 Photoshop 中新建一个文件，再新建一个图层；<br>使用钢笔工具绘制一个心形路径；<br>单击画笔工具，在“选项”栏上设置笔触大小为 1px，前景色为深灰色。 | 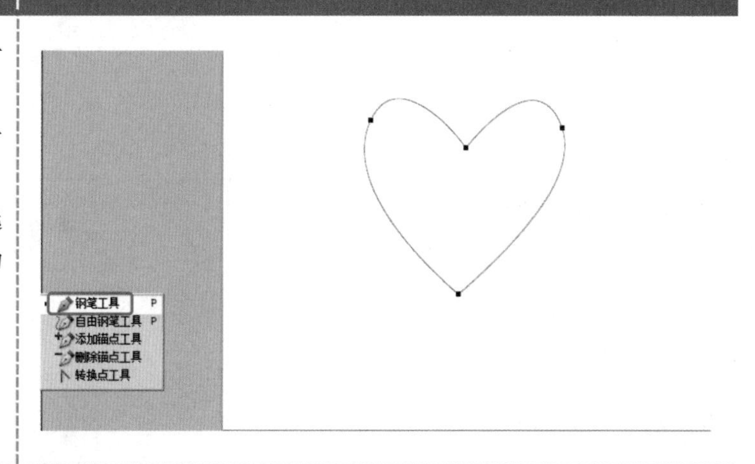 |
| 2　单击画笔“选项”面板上的“切换画笔面板”按钮；<br>在打开的“画笔面板”对话框中，调整间距为 150%左右，并调整笔头大小。 | 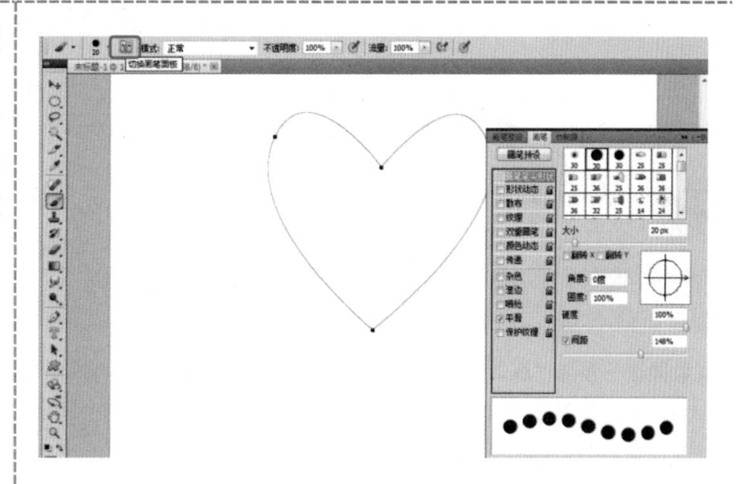 |
| 3　新建一个图层；<br>单击路径面板下方的“用画笔描边路径”按钮，完成用画笔对路径进行描边操作。 | 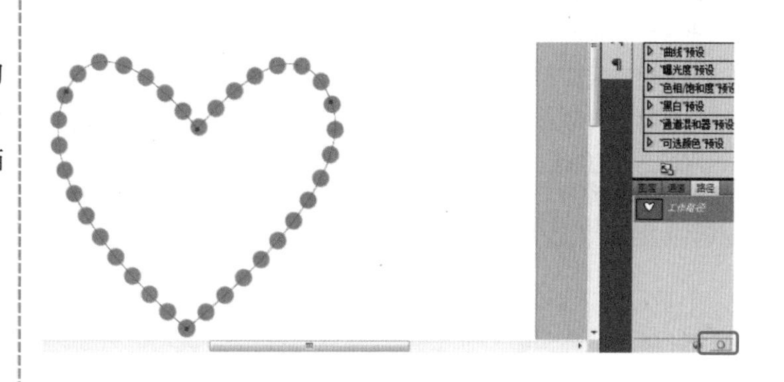 |

4 调整画笔笔头尺寸及间距，将前景色设置为白色；

再次单击路径面板下方的“用画笔描边路径”按钮。

5 返回图层，按住 Ctrl+单击图层，建立选区；

单击“滤镜→模糊→高斯模糊”菜单命令，得到光泽的珍珠效果；

按快捷键 Ctrl+D 取消选区，完成制作，效果如右图所示。

## 学习任务单

| 一、学习方法建议 |
| --- |
| 观看微课→预操作练习→听课（老师讲解、示范、拓展）→再操作练习→完成学习任务单 |
| 二、学习任务 |
| 1．设置画笔笔触大小、硬度 □<br>2．设置画笔间距 □<br>3．选择画笔预设笔触 □<br>4．用钢笔绘制路径 □<br>5．用画笔描边路径 □ |
| 三、困惑与建议 |
|  |

# 任务十四　矢量工具

## 一、任务导入

矢量绘图是 Photoshop 的又一个应用领域，可以制作一些比较简单的企业徽标、Logo 等，如图 1-16 所示。

图 1-16　华为菊花 Logo

## 二、任务实施

| 步　　骤 | 说明或截图 |
| --- | --- |
| 1 显示网格<br>创建一个新的图像文件，再新建一个图层，按快捷键 Ctrl+'以显示网格线，以方便用钢笔工具建立图形。 | 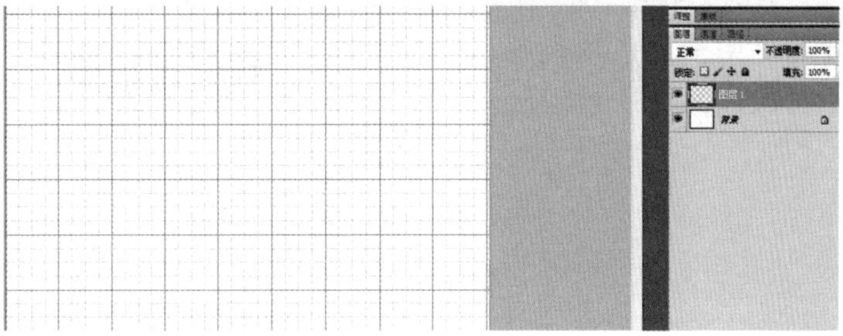 |
| 2 路径建立<br>单击钢笔工具，在“选项”栏上选择“路径”，绘制一个封闭的路径。 | 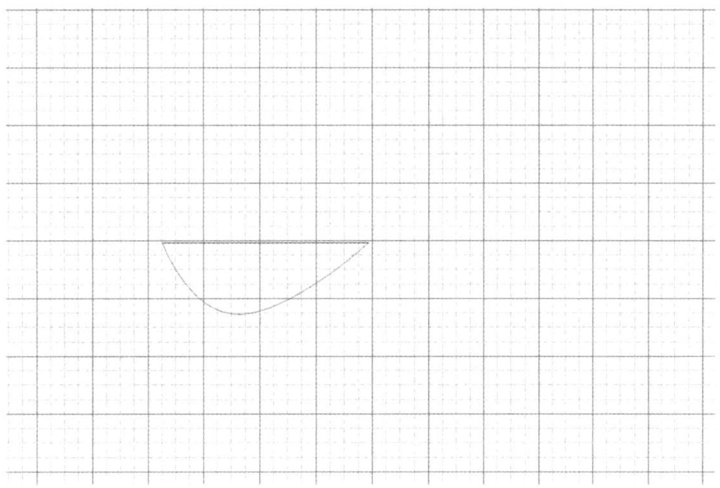 |

**3 路径曲线调整**

单击路径选择工具，再按住 Ctrl 键单击锚点，修正锚点手柄的角度和长度，使曲线路径更光滑。

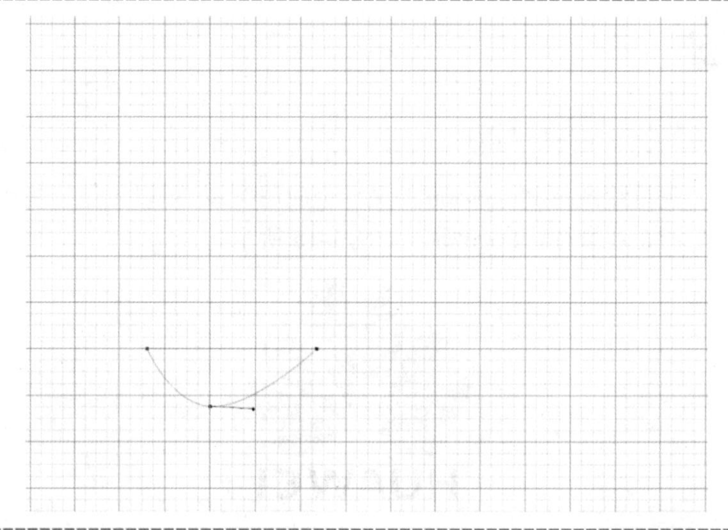

**4 填充路径**

使用路径选择工具框选全部路径；

设置好前景色；

单击“路径”面板下方的“用前景色填充路径”按钮，完成路径填充。

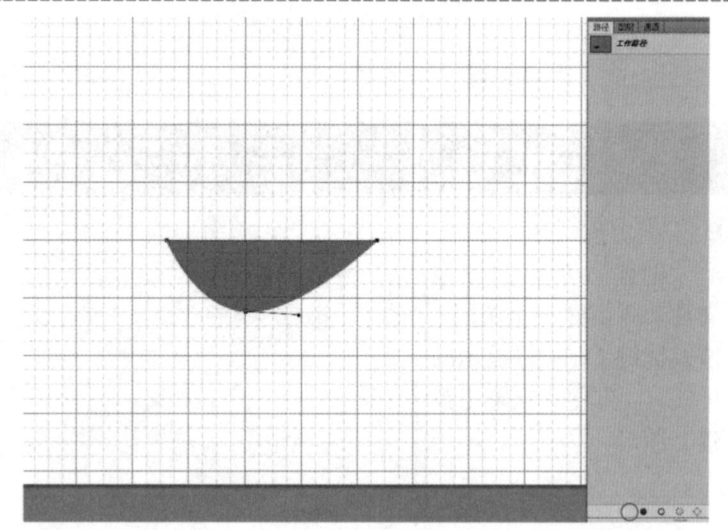

**5 继续绘制、填充路径**

继续单击钢笔工具，在“选项”栏上选择“路径”，绘制第二个封闭的路径。

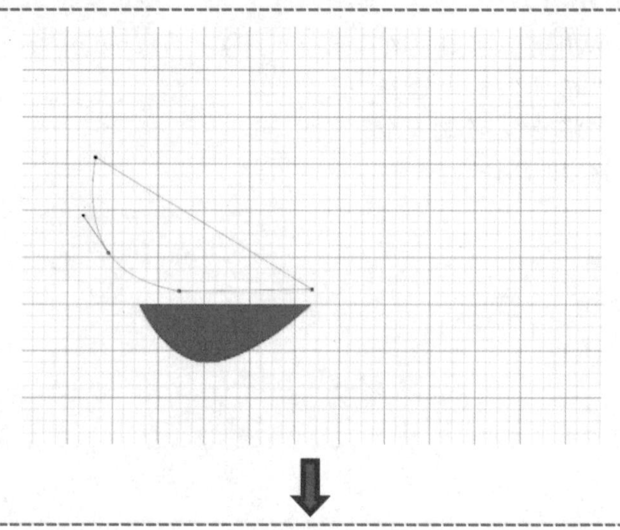

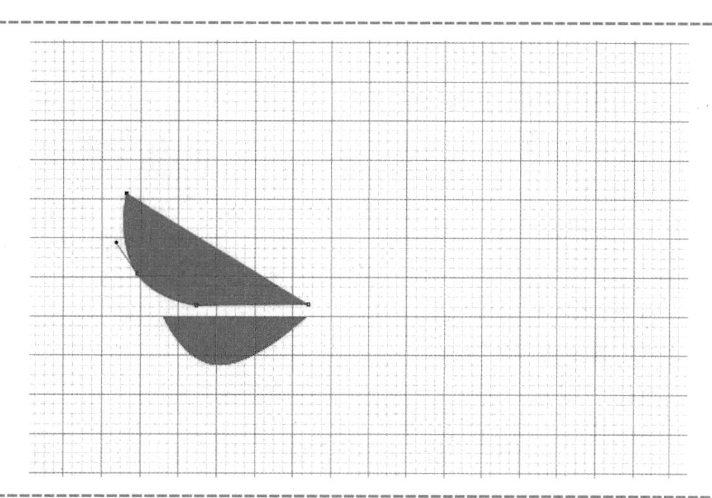

**6 继续绘制、填充路径**

继续单击钢笔工具，在“选项”栏上选择“路径”，绘制第三、四个封闭的路径；

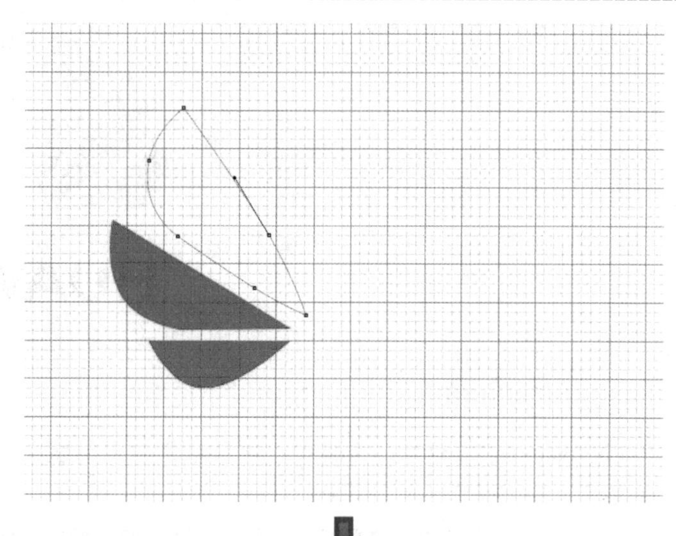

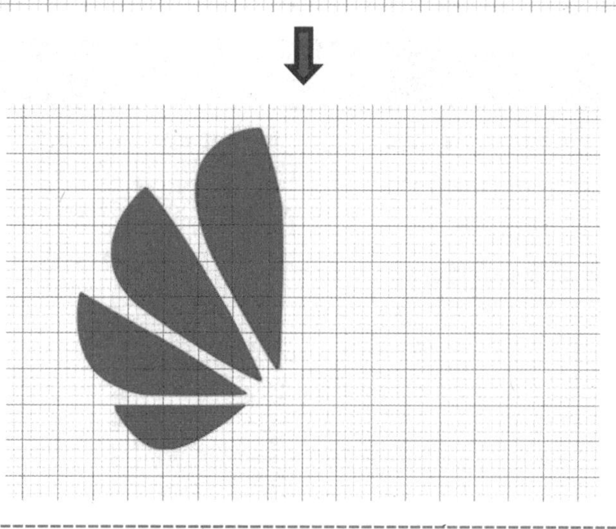

填充路径，效果如右图所示。

7 最终效果

使用矩形选框工具，选取并向右复制出相同的填充区域，按快捷键Ctrl+T，变换选区，水平镜像；

按快捷键 Ctrl+D 取消选区，按快捷键 Ctrl+' 取消网格线显示；

输入文字。

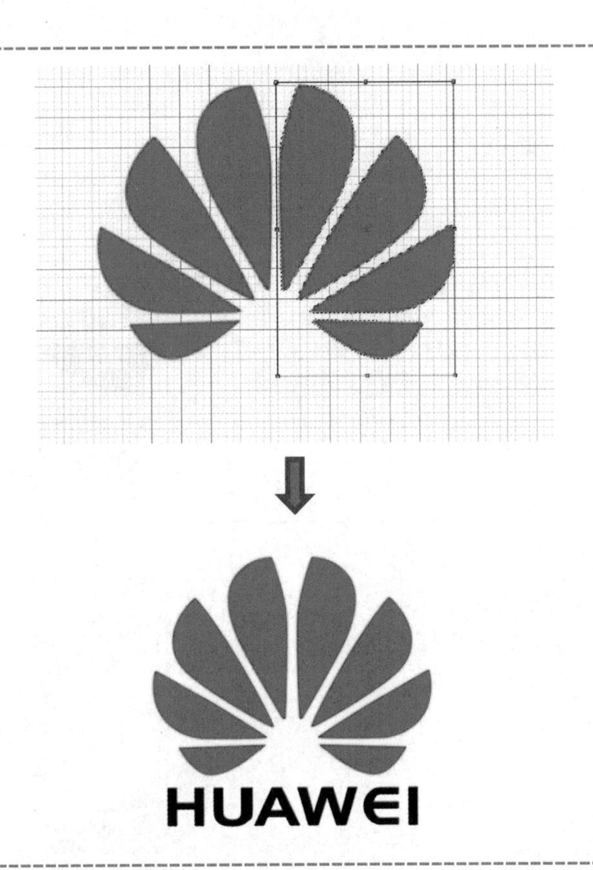


## 三、任务拓展

在 Photoshop 的矢量绘图工具中，可直接创建“形状图层”，即：图形绘制和形状填充一次性完成，具体操作步骤如下：

| 步　骤 | 说明或截图 |
|---|---|
| 1 单击钢笔工具，在“选项”面板上单击“形状图层”按钮；<br>设置好前景色。 |  |

2 单击矩形工具，在“选项”面板上再单击“形状图层”按钮，按住 Shift 键，绘制一个正方形；

单击转换点工具，将正方形调整成如右图所示样式。

3 单击移动工具，按住 Alt 键，移动并复制一个对象；

按快捷键 Ctrl+T 垂直翻转。

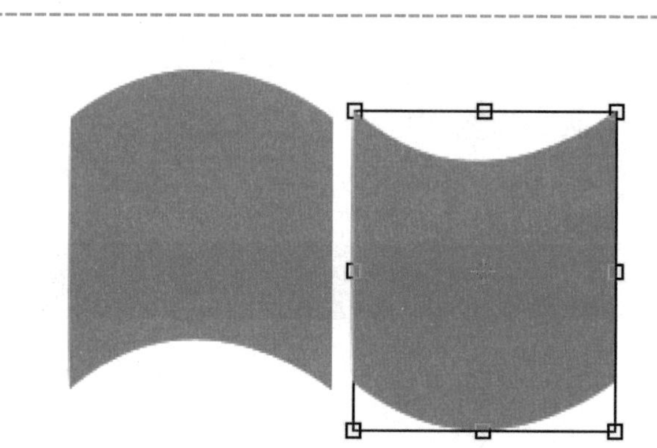

4 双击图层颜色图标，打开“拾取实色”对话框，设置好前景色，完成对选定对象的颜色填充。

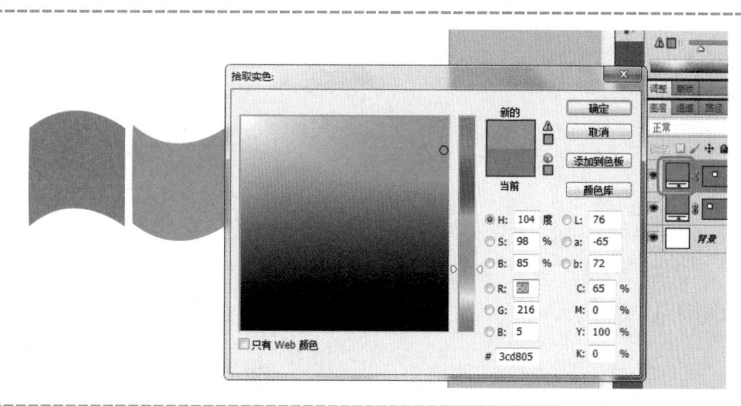


5 继续使用 Alt+移动工具，进行对象复制，并设置相应的前景色，完成制作。

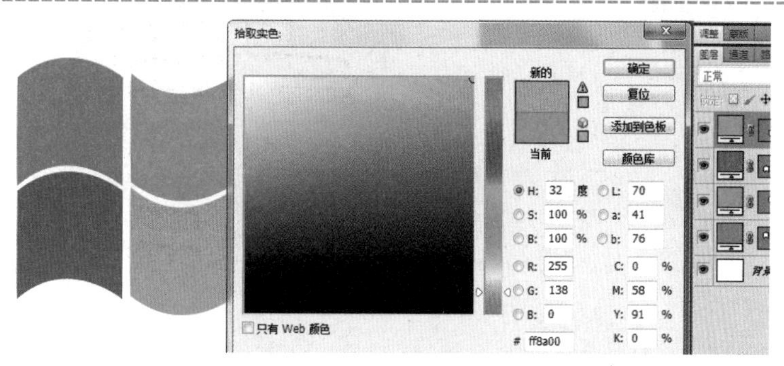

## 学习任务单

| 一、学习方法建议 | |
| --- | --- |
| 观看微课→预操作练习→听课（老师讲解、示范、拓展）→再操作练习→完成学习任务单 | |
| 二、学习任务 | |
| 1. 钢笔工具 | □ |
| 2. 转换点工具 | □ |
| 3. 设置选项面板 | □ |
| 4. 填充路径 | □ |
| 5. 设置路径的填充颜色 | □ |
| 6. 描边路径 | □ |
| 7. 将路径转换为选区 | □ |
| 三、困惑与建议 | |
| | |

# 任务十五　普通文字

## 一、任务导入

在 Photoshop 中使用文字工具可创建两种文字对象：文字图层、文字蒙版。将文字与滤镜相结合，能制作许多的艺术特效。如图 1-17 所示。

图 1-17　球面字

## 二、任务实施

| 步 骤 | 说明或截图 |
| --- | --- |
| **1 径向渐变**<br>启动Photoshop，新建一个文件及图层；<br>绘制正圆选区；<br>单击渐变工具，设定好起点和终点的颜色；<br>绘制径向渐变。 | 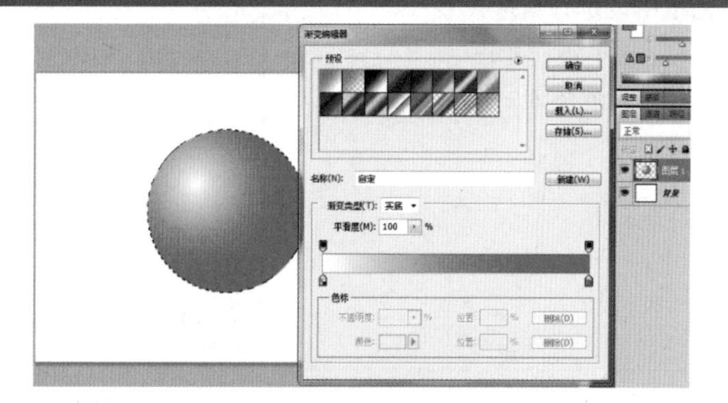 |
| **2 输入文字**<br>单击横排文字工具；<br>在选项栏上设置好字体、字号、颜色；<br>输入一个字；<br>单击移动工具，在选项栏上设置：<br>垂直居中对齐、水平居中对齐。 |  |
|  **3 准备球面化**<br>单击“滤镜→扭曲→球面化”菜单命令；<br>出现“栅格化文字”对话框。 | 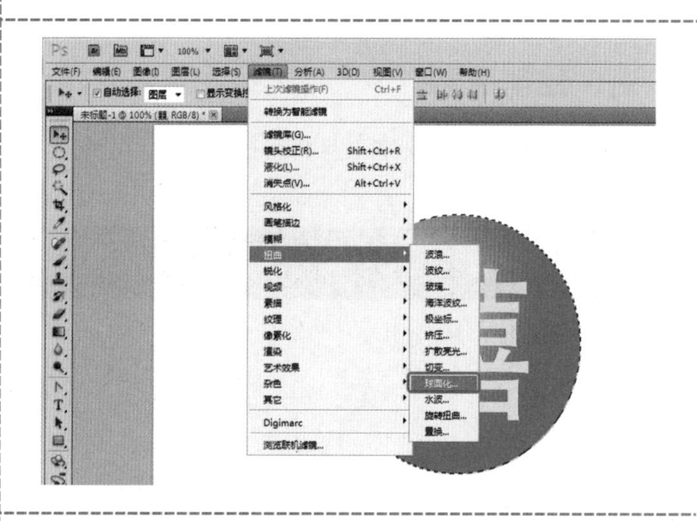 |
| **4 栅格化文字**<br>即：将可编辑的文字层转化为普通图层，这样文字将失去原有可编辑的属性。 | 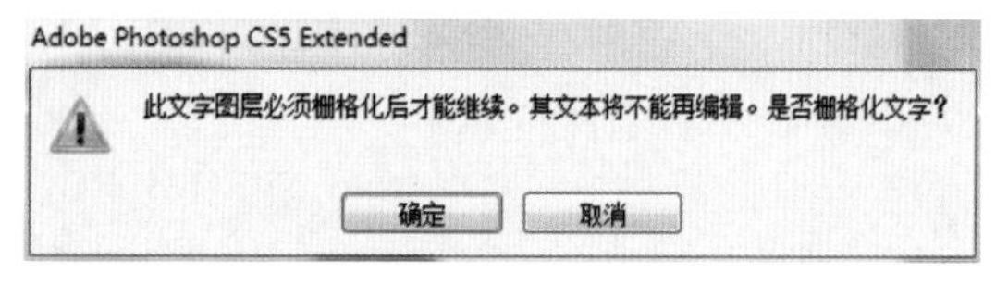  |

**5 执行球面化**

在“球面化”对话框中设定好数量、模式，再单击“确定”按钮，完成球面字的制作。

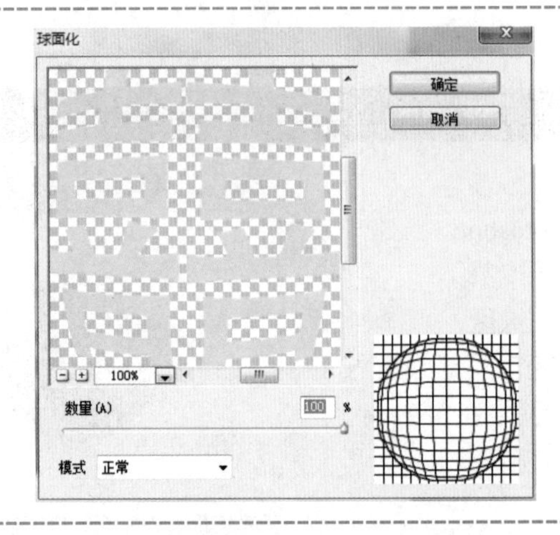


**6 投影**

单击图层面板下方的“添加图层样式”按钮，对球面字添加“投影”效果，完成制作。

## 三、任务拓展

在 Photoshop 中将文字工具和路径相结合，可制作文本适合路径的效果，具体操作步骤如下：

| 步　　骤 | 说明或截图 |
| --- | --- |
| 1 在 Photoshop 中使用文字蒙版工具输入一个“H”字母。 | H |

2 单击“路径”面板下方的“从选区生成路径”按钮，得到一个工作路径。

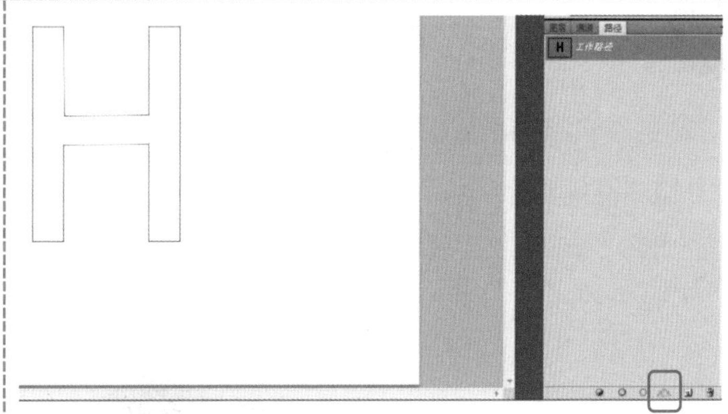

3 调整好字体、字形、字号，使用文字工具在路径上单击；

连续输入文本，可看到文字会沿路径自动排列好。

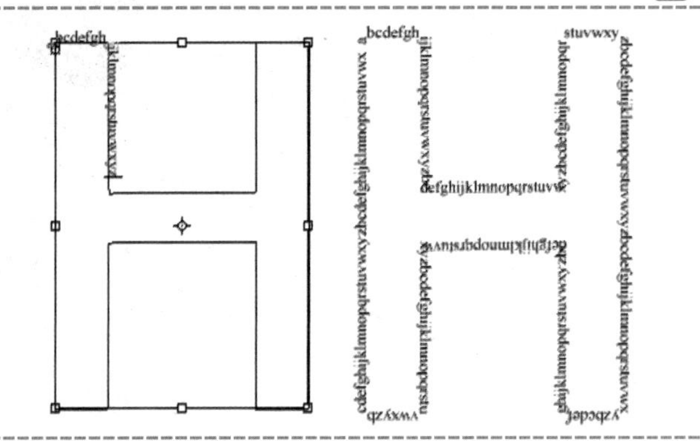

## 学习任务单

| 一、学习方法建议 | |
|---|---|
| 观看微课→预操作练习→听课（老师讲解、示范、拓展）→再操作练习→完成学习任务单 | |
| 二、学习任务 | |
| 1. 建立文字图层 | □ |
| 2. 栅格化文字层 | □ |
| 3. 球面化文字 | □ |
| 4. 建立文字蒙版 | □ |
| 5. 将选区转换为路径 | □ |
| 6. 文本适合路径 | □ |
| 三、困惑与建议 | |
| | |

# 任务十六 段落文字

## 一、任务导入

使用横排文字工具在编辑区绘制一个矩形区域，然后输入文字，即可得到一个段落文字区域，对该段落文字可进行旋转、缩放、斜切等变换，如图 1-18 所示。

图 1-18 变换的段落文字

## 二、任务实施

| 步　骤 | 说明或截图 |
| --- | --- |
| **1 打开文件**<br>启动 Photoshop，新建一个文件，单击横排文字工具，在画布上绘制一个矩形区域，将文本粘贴至其中。 | |

## 2 排版

在段落面板上设置：

- 最后一行左对齐；
- 首行缩进。

## 3 侧面段落文字

移动光标至段落文字左侧的中间控制点，再按住 Ctrl 键，对段落文字进行斜切变换。

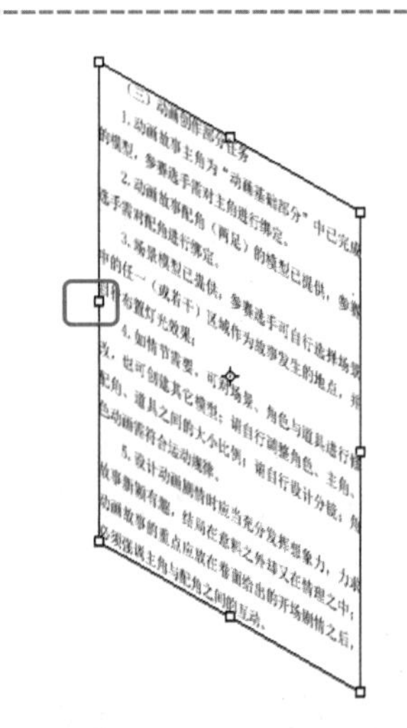

## 4 正面段落文字

使用横排文字工具，绘制一个矩形区域；

将文本粘贴至其中。

9．动画创作要求：

（1） 以下文字为故事的开头部分（最终动画应包含此部分），请在此基础上继续发展，形成完整的故事；……

（2）请使用指定技术完成以下动画效果：……

五、竞赛方式

本赛项为个人赛。由各市选拔3名学生参加，每名学生可配指导教师1名，教师组每队限报3人。

六、评分方法及奖项设定

（一）评分方法

1. 比赛选用的裁判不能与参赛学校有直接或者间接关系。

2. 评分时，应多名裁判取分数平均值为该选手总分。

3. 每位裁判分模块计分，然后按权重比计算得出总分（模块及比例只说明分值分布，具体的题目可能综合了各模块的内容）；

4. 评定的主要要素为作品技术、视觉效果和创意设计；

（三）奖项设置

竞赛设参赛选手个人奖，一等奖占比10%，二等奖占比20%

| | |
|---|---|
| 5 顶部图片<br>打开一幅图片，将其移至图层；<br>按快捷键 Ctrl+T 进行自由变换：<br>缩放、斜切；<br>完成效果制作。 | 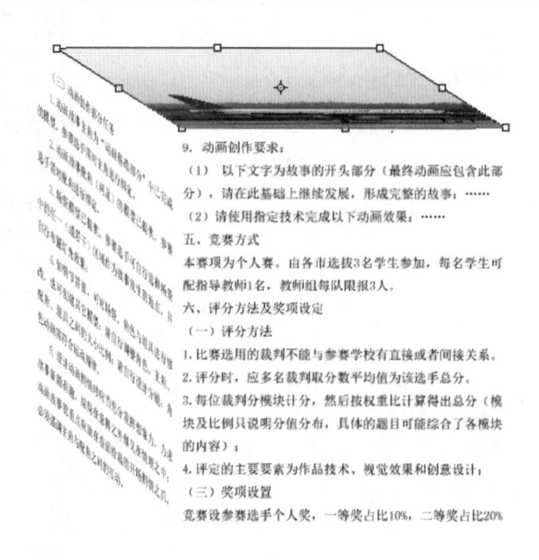 |

## 三、任务拓展

在 Photoshop 中可以制作各类的特效字效果，这里以钻石特效字的制作为例，具体操作步骤如下。

图 1-19 钻石特效字

| 步 骤 | 说明或截图 |
|---|---|
| 1 在 Photoshop 中输入较粗黑的文字。 | NT Workshop |
| 2 右击文字图层，选择“栅格化文字”命令；<br>将文字保持选中状态；<br>再将图层进行合并。 | NT Workshop |

3 单击“滤镜→扭曲→玻璃”菜单项，在打开的对话框中设置：扭曲度：20，平滑度：1，纹理：小镜头，缩放：55%。

4 将文字剪切、粘贴至新的图层，单击“图层样式”按钮，进行描边、斜面和浮雕两个选项的设定。

5 分别设置描边、斜面和浮雕两个选项的参数，具体设置如右图所示。

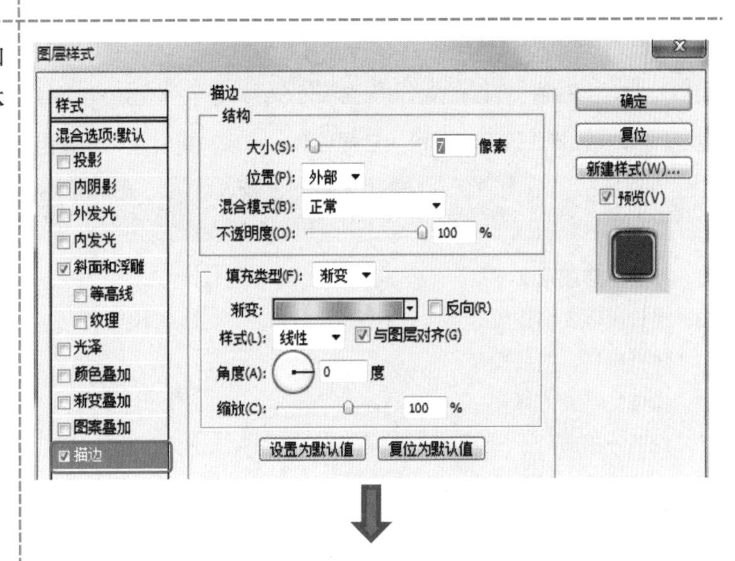

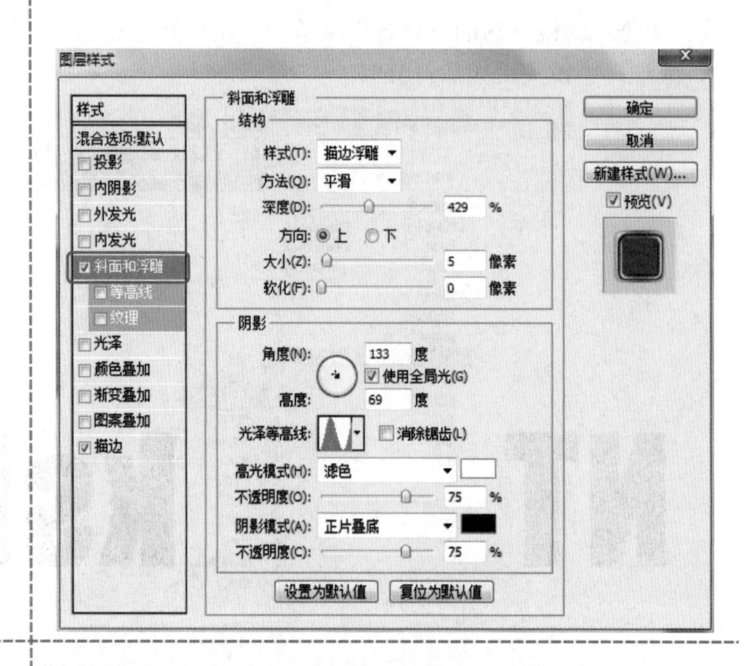


6 最终效果如右图所示。

## 学习任务单

| 一、学习方法建议 | |
|---|---|
| 观看微课→预操作练习→听课（老师讲解、示范、拓展）→再操作练习→完成学习任务单 | |
| 二、学习任务 | |
| 1. 绘制矩形段落文字 | □ |
| 2. 进行段落文字排版 | □ |
| 3. 进行斜切、缩放变换 | □ |
| 4. 做成文字立方体 | □ |
| 5. 滤镜→扭曲 | □ |
| 6. 图层样式→描边 | □ |
| 7. 图层样式→斜面和浮雕 | □ |

| 三、困惑与建议 |
| --- |
| |

# 任务十七　文字蒙版

## 一、任务导入

文字蒙版又称为空心字，在背景图片上使用文字蒙版，可制作透明浮雕字的效果，如图 1-20 所示。

图 1-20　透明浮雕字

## 二、任务实施

| 步　骤 | 说明或截图 |
| --- | --- |
| **1 输入文本**<br>单击“横排文字蒙版工具”，输入文字。 | 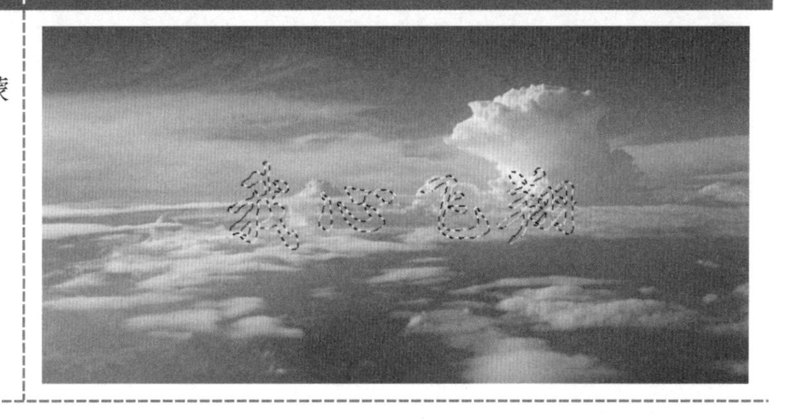 |

**2 复制、粘贴**

将其复制、粘贴，形成一个新的图层；

在图层功能面板的下方，单击“添加图层样式”按钮，对“斜面和浮雕”选项做相应的设置。

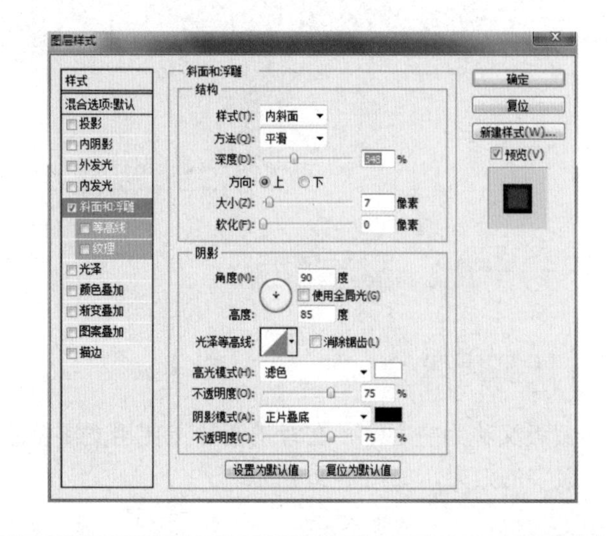


**3 最终效果**

得到透明浮雕字的效果如右图所示。

## 三、任务拓展

在 Photoshop 中使用文字蒙版工具，可轻松制作字中画效果，具体操作步骤如下。

| 步　　骤 | 说明或截图 |
| --- | --- |
| 1 使用横排文字蒙版工具输入文字，如右图所示。 | 字中画 |

| | |
|---|---|
| 2 在 Photoshop 中打开一幅图片，再将其复制、粘贴至剪贴板。 |  |
| 3 单击“编辑→选择性粘贴→贴入”菜单命令，将图片粘贴至文字选区；<br>按快捷键 Ctrl+T，调整图片的大小，完成制作，效果如右图所示。 | 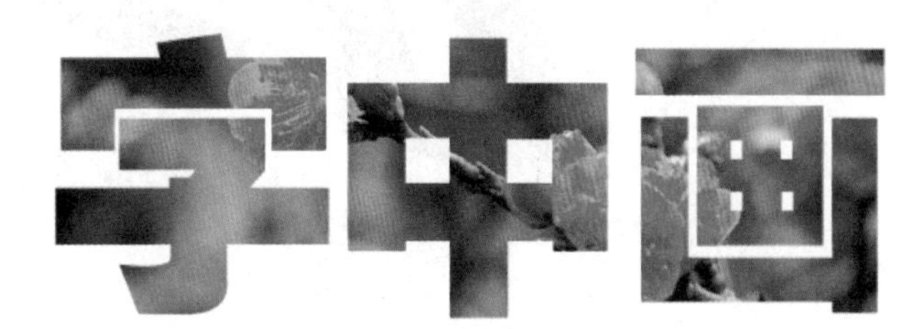 |

## 学习任务单

**一、学习方法建议**

观看微课→预操作练习→听课（老师讲解、示范、拓展）→再操作练习→完成学习任务单

**二、学习任务**

1. 使用文字蒙版工具输入文本 □
2. 调整文字蒙版字号的大小 □
3. 制作透明浮雕字效果 □
4. 制作字中画效果 □

**三、困惑与建议**

# 任务十八　形状工具集

## 一、任务导入

Photoshop 的主要功能是图像位图处理，但也具备部分像 Illustrator 那样矢量绘图功能，如图 1-21 所示。

图 1-21　PS 形状工具设计的 Logo

## 二、任务实施

| 步　骤 | 说明或截图 |
| --- | --- |
| **1 自定义画面**<br>启动 Photoshop，新建一个 300×400 像素的文件。 | 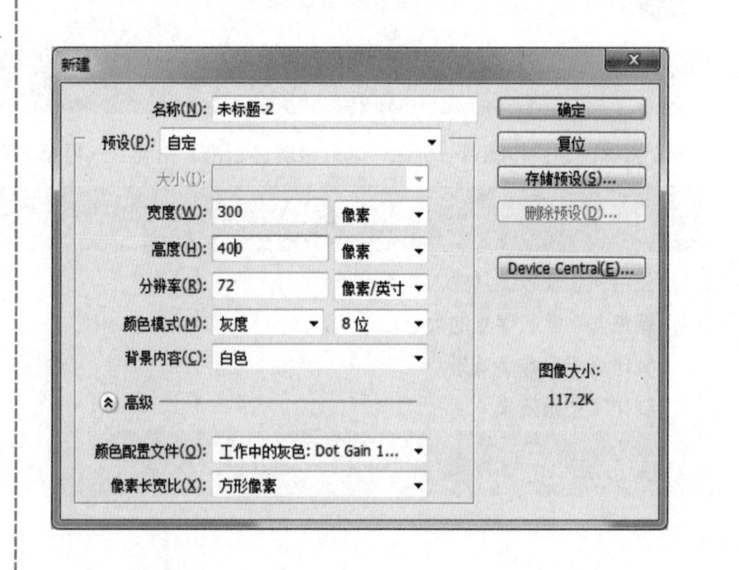 |

## 2 绘制平行四边形

单击"形状工具集→矩形工具"绘制一个矩形"形状图层"；

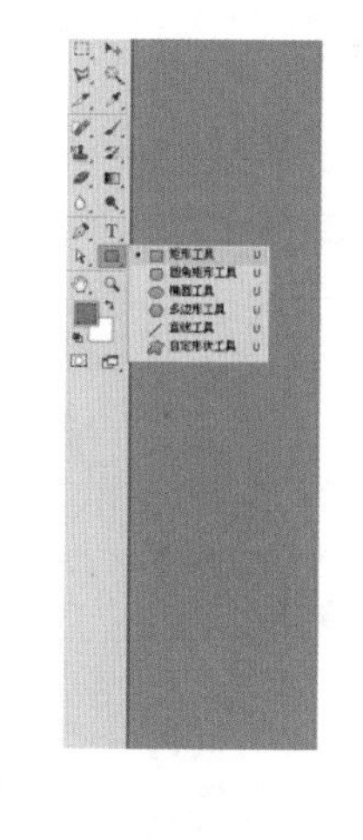

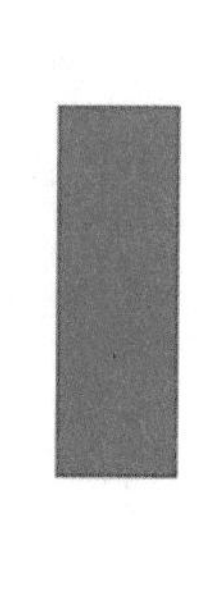

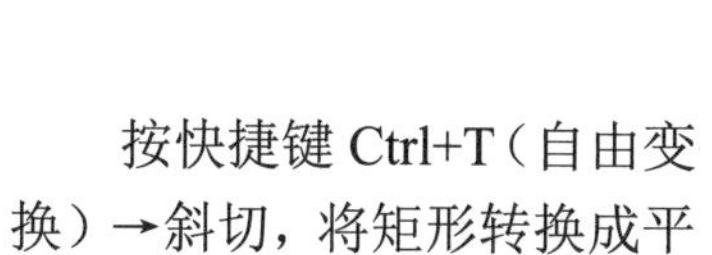

按快捷键 Ctrl+T（自由变换）→斜切，将矩形转换成平行四边形；

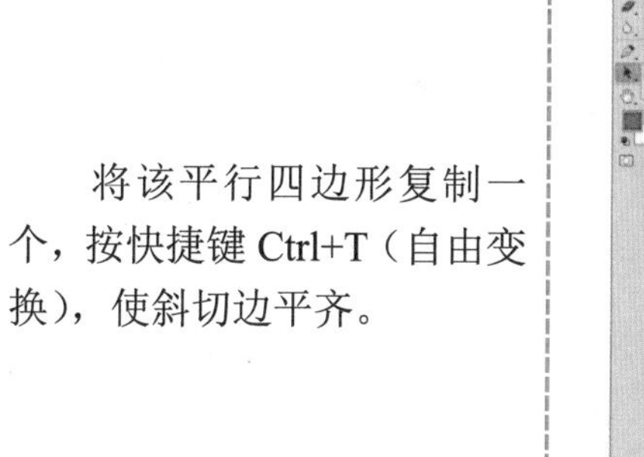

将该平行四边形复制一个，按快捷键 Ctrl+T（自由变换），使斜切边平齐。

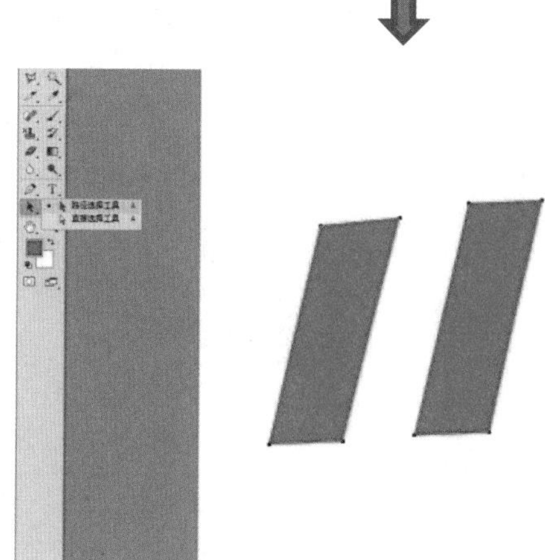

3 绘制梯形

单击钢笔工具，绘制一个弧形形状图层，单击“路径”面板下方的“用前景色填充路径”按钮，完成路径填充；

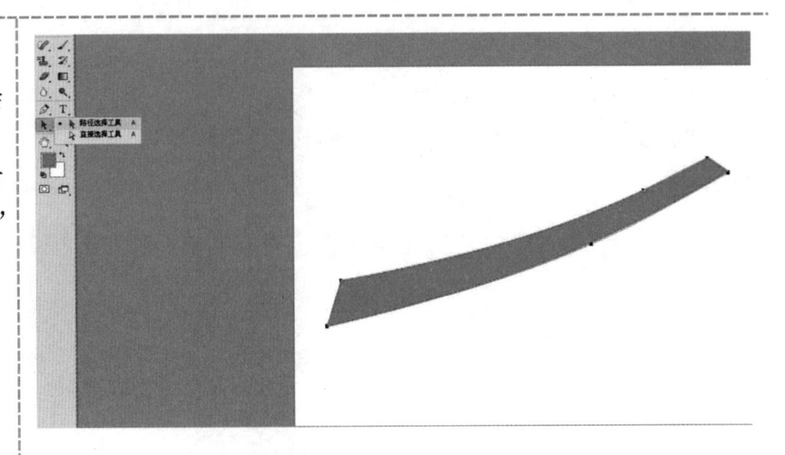

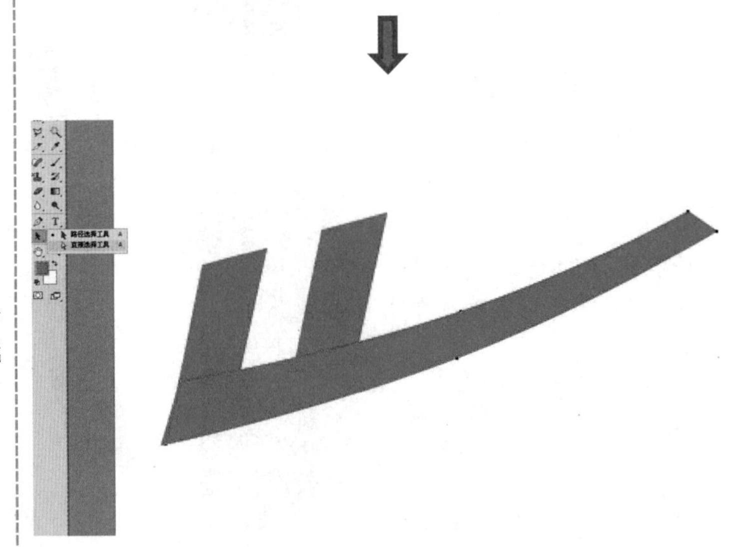

用直接选取工具（空心箭头）选中曲线节点，将其修整光滑。

4 输入文字

单击“横排文字工具”，输入文本：“1927回力”，完成制作，效果如右图所示。

## 三、任务拓展

利用形状工具集+自由变换，可以绘制一些较复杂形状的样式，再配合“贴入”操作，完成位图填充。具体操作步骤如下：

| 步　骤 | 说明或截图 |
| --- | --- |
| 1　启动 Photoshop，新建一个 500×500 像素的文件。 | 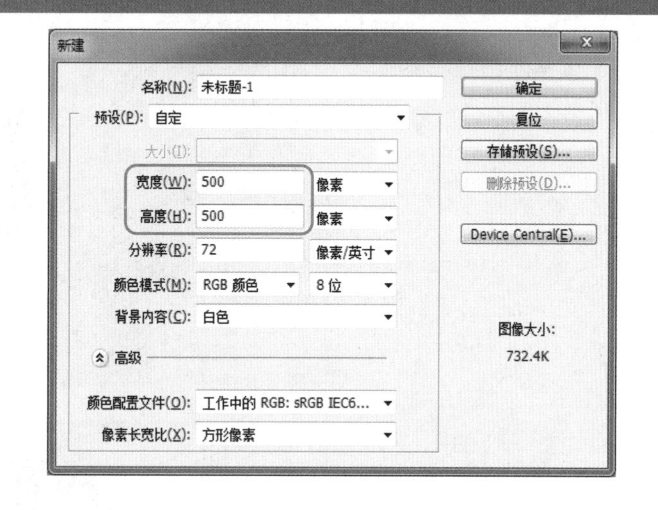 |
| 2　按快捷键 Ctrl+R 调出标尺，在水平、垂直 250px 处拉出两根辅助线以确定圆心。 | 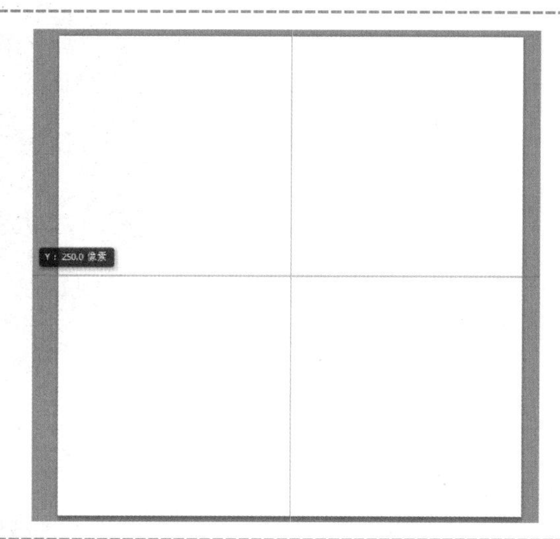 |
| 3　单击形状工具集中的椭圆工具，按住 Alt+Shift 快捷键绘制一个正圆图形。 | 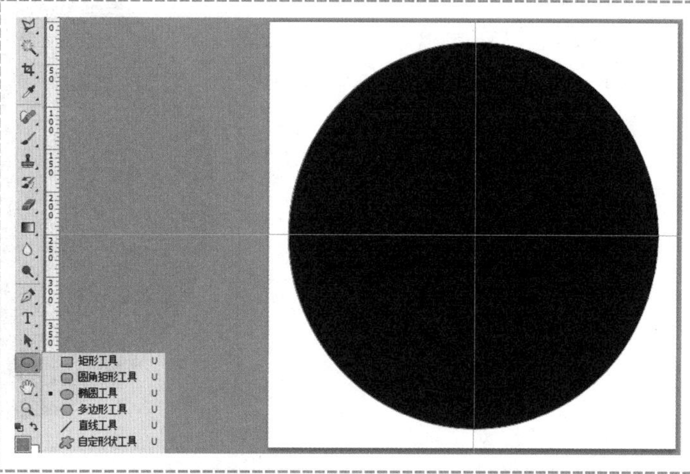 |

4 新建一图层，单击形状工具集中的矩形工具，绘制一个 5 像素宽的矩形图像，将其水平居中对齐。

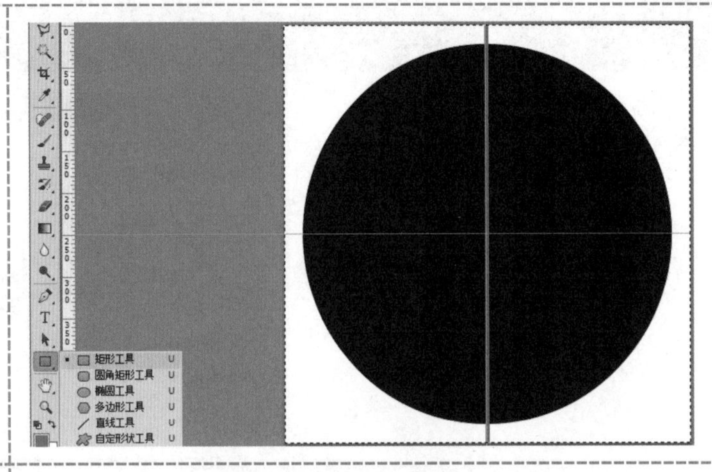


5 将矩形所在的图层复制一个；

按快捷键 Ctrl+T 旋转 72°；

再将两个矩形所在的图层合并。

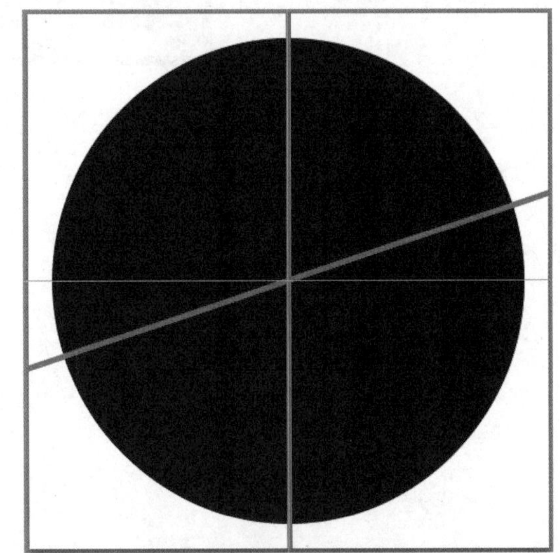

6 单击圆所在的图层将其设为当前层；

按住 Ctrl+单击矩形所在的图层，载入矩形层的选区；

按 Del 键删除选区的内容，再将矩形所在的图层删除。

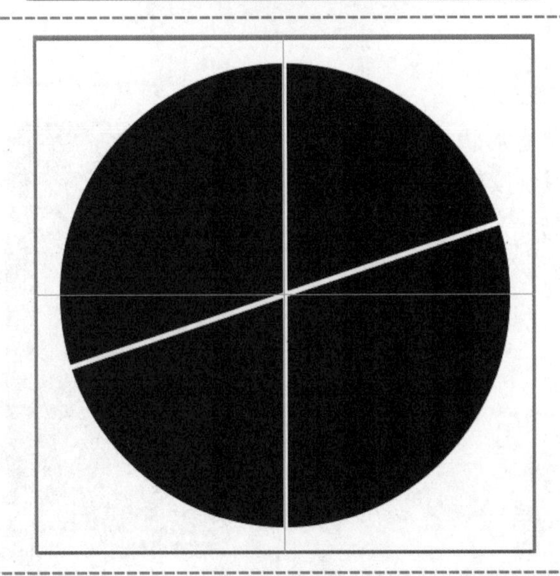

7 用魔棒工具选中 1/5 圆，反选，删除其他部分。

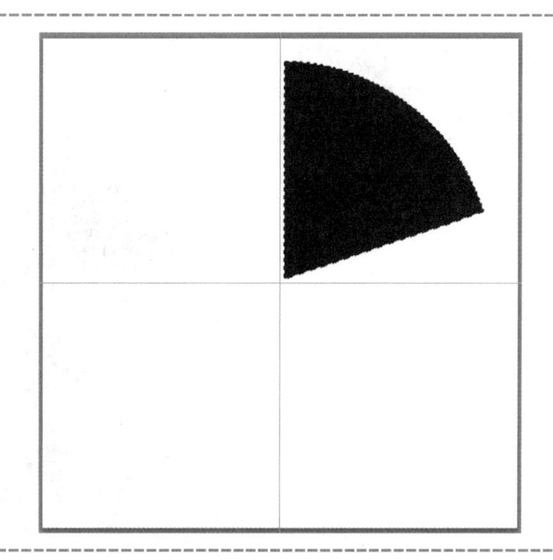

8 按快捷键 Ctrl+T，将旋转中心移至圆心的位置，在选项栏上设置旋转的角度为 72°；

按组合键 Ctrl+Alt+Shift+T 四下，得到如右图所示的效果。

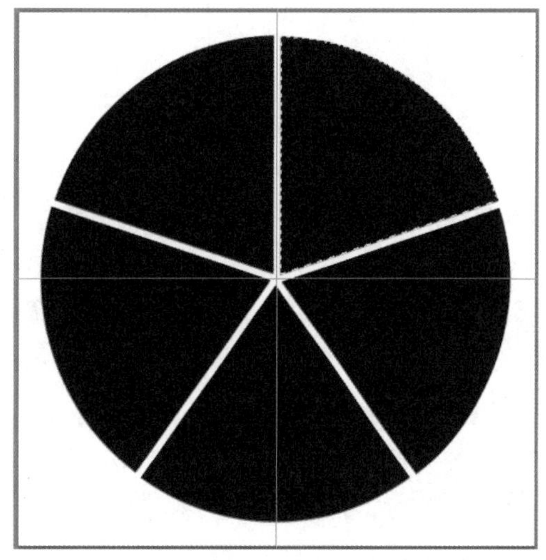

9 从中心绘制一个正圆，再按 Del 键，删除其中的内容，得到如右图所示的效果。

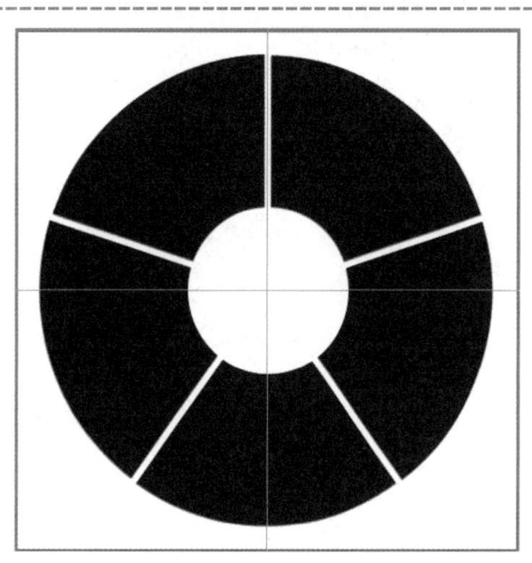

10 用魔棒工具逐个选定扇形区域，将打开的位图逐个贴入（Ctrl+Alt+Shift+V）其中，完成最后的效果制作，如右图所示。

## 学习任务单

### 一、学习方法建议

观看微课→预操作练习→听课（老师讲解、示范、拓展）→再操作练习→完成学习任务单

### 二、学习任务

1. 用形状工具集绘制形状 □
2. 用形状工具集绘制路径 □
3. 用形状工具集绘制像素 □
4. 对圆环进行六等分 □

### 三、困惑与建议

# 任务十九 3D 对象

## 一、任务导入

使用 Photoshop 中的 3D 菜单，可制作在平面设计中无法完成的立体效果，如图 1-22 所示。

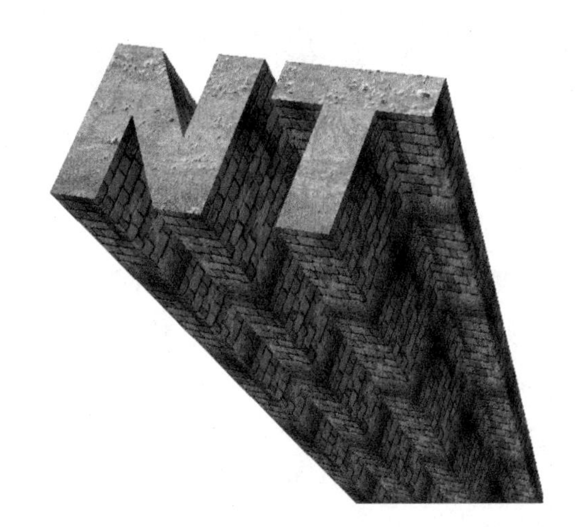

图 1-22 3D 效果

## 二、任务实施

| 步 骤 | 说明或截图 |
| --- | --- |

**1 创建立方体**

启动 Photoshop，新建一个图像文件；

单击“3D→从图层新建形状→立方体”菜单命令，创建一个立方体。

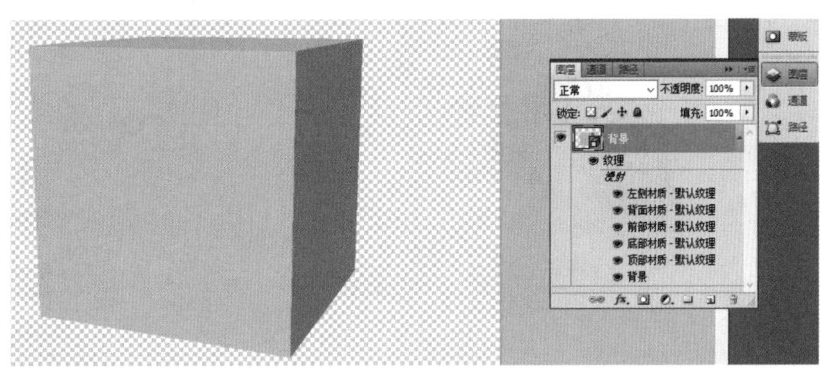

**2 调出3D功能面板**

单击“窗口→3D”菜单命令，打开3D（场景）功能面板。

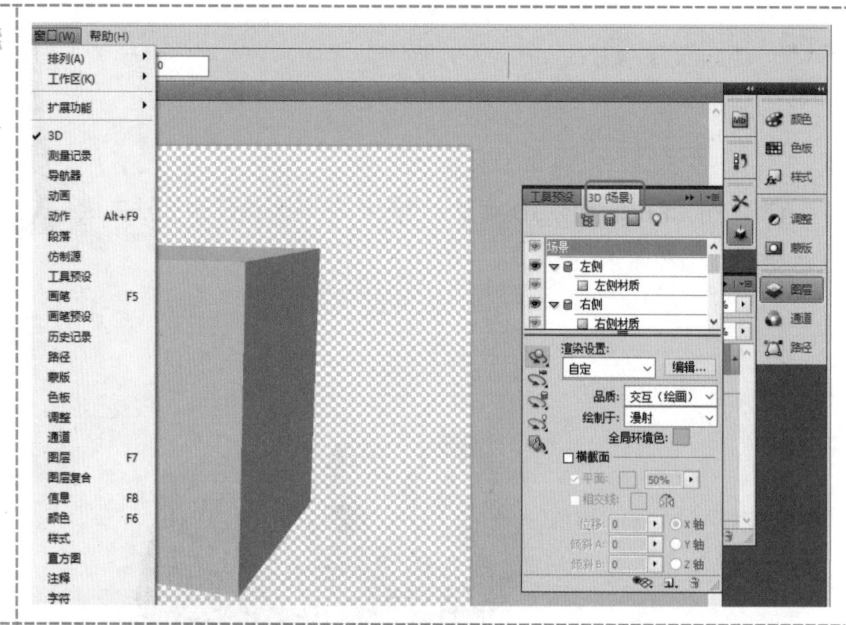


**3 旋转立方体**

选定3D对象旋转工具，在画布上对立方体进行旋转，得到如图所示的效果。

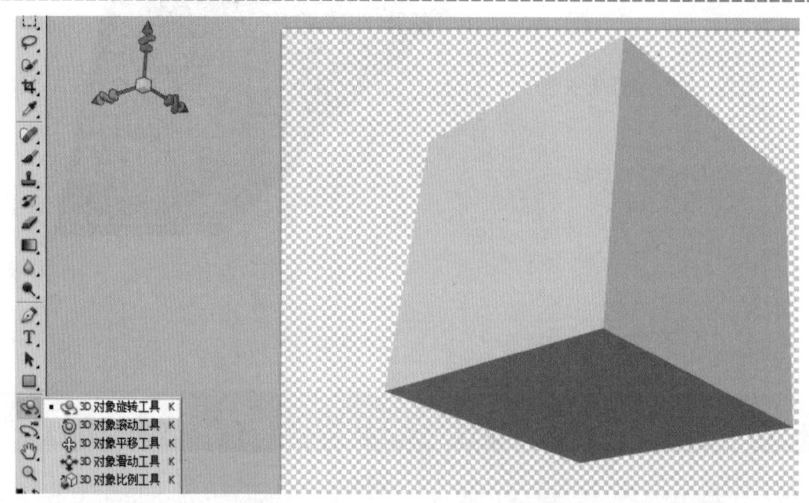


**4 右侧贴图**

在3D(场景)功能面板上，单击“右侧材质→漫射→载入纹理”，选定一张图片后，可将其贴入立方体的右侧。

**5 底部、前部贴图**

在 3D（场景）功能面板上，单击"底部材质→漫射→载入纹理"，选定一张图片后，可将其贴入立方体的底部。

单击"前部材质→漫射→载入纹理"，选定一张图片后，可将其贴入立方体的前部；

这样，一个图片立方体就基本制作完成，效果如右图所示。

**6 最终渲染**

在 3D（场景）功能面板上，单击"场景→渲染设置→品质"，选择光线跟踪最终效果，完成最后的图片立方体制作，效果如右图所示。

## 三、任务拓展

利用 Photoshop 的 3D 工具，可以制作球面贴图效果，具体操作步骤如下：

| 步　　骤 | 说明或截图 |
| --- | --- |
| 1　使用 Photoshop 将多幅图片拼贴在一个图层。 |  |
| 2　单击“3D→从图层新建形状→球体”菜单命令，创建一个贴图的球体。 |  |
| 3　单击“球体材质→漫射→编辑属性”，打开“纹理属性”对话框，此处可设定 U、V 比例的值。 | 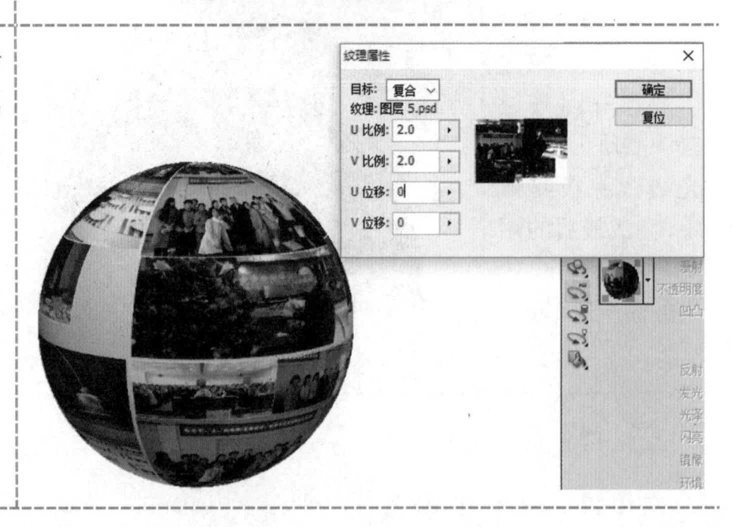 |

| | |
|---|---|
| 4 单击“对象旋转工具”，对贴图的球体做适当旋转，得到如图所示的结果。 |  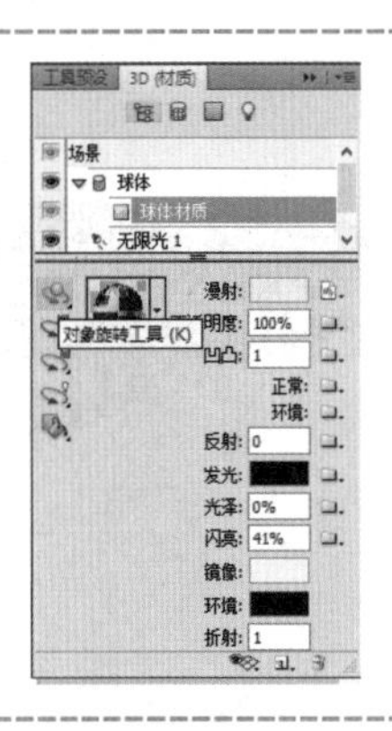 |

## 学习任务单

| 一、学习方法建议 | |
|---|---|
| 观看微课→预操作练习→听课（老师讲解、示范、拓展）→再操作练习→完成学习任务单 | |
| 二、学习任务 | |
| 1．了解 3D 功能面板 | □ |
| 2．创建立方体 | □ |
| 3．立方体三面贴图 | □ |
| 4．创建球体 | □ |
| 5．球体贴图 | □ |
| 三、困惑与建议 | |
| | |

# 任务二十　3D 相机

## 一、任务导入

使用 Photoshop 的 3D 相机，可多方位、多角度观察对象的立体效果，如图 1-23 所示。

图 1-23　对象的立体效果

## 二、任务实施

| 步　　骤 | 说明或截图 |
| --- | --- |
| **1 输入文本**<br>启动 Photoshop，新建一个图像文件，使用文本工具输入相应的文本。 | **Workshop** |

**2 设置凸纹**

单击“3D 凸纹→文本图层”，打开相应的“凸纹”设置对话框：

- 凸出：10；
- 材质：全部、无纹理。

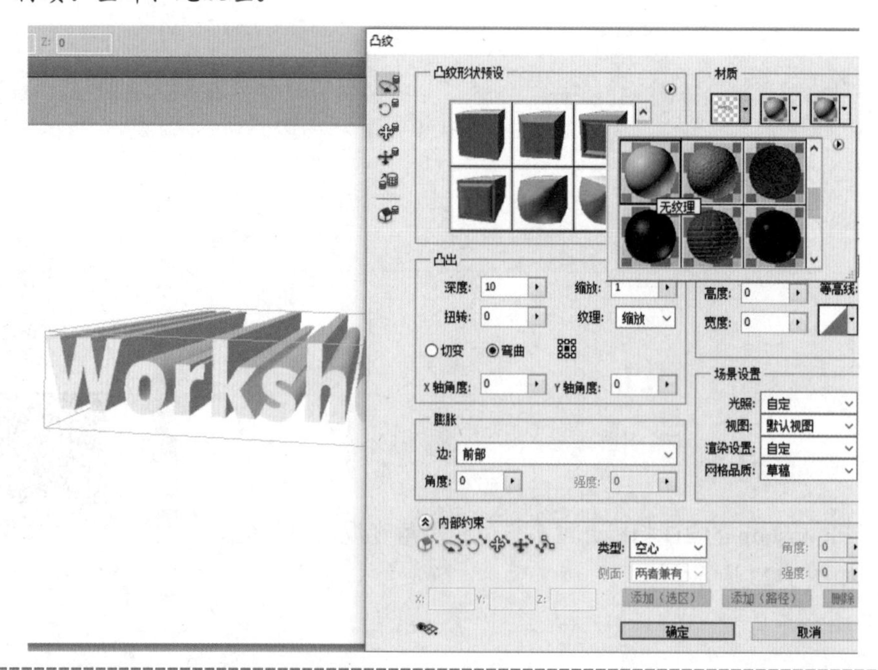

### 3 架设 3D 旋转相机

单击相机旋转工具，在图层上对 3D 对象进行旋转，得到如右图所示的结果。

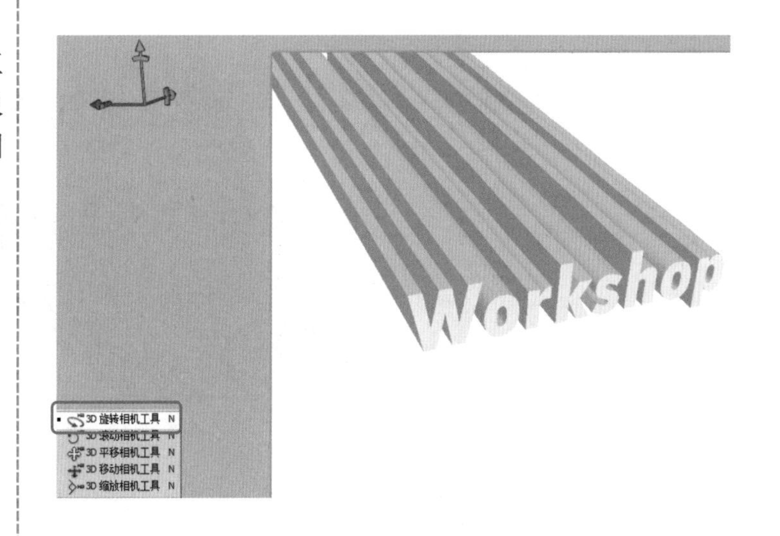


### 4 贴图

单击 3D（场景）功能面板，分别设置：

前膨胀材质→漫射→载入纹理：添加一张图片；

凸出材质→漫射→载入纹理：添加另一张图片。

### 5 编辑材质

单击“凸出材质→漫射→编辑属性”，打开“纹理属性”编辑对话框，此处可设定 U、V 比例的值为 9，这样材质贴图更加细腻。

| | |
|---|---|
| 6 旋转相机<br>使用相机旋转工具，在图层上对 3D 对象进行旋转，得到另类的 3D 效果。 | 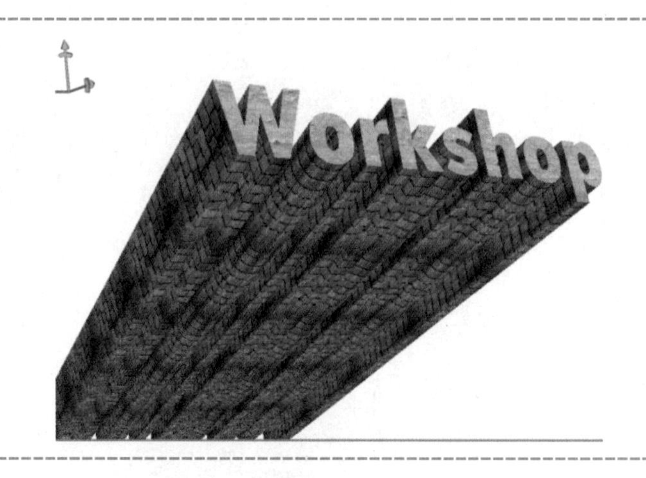 |

## 三、任务拓展

以下，我们使用 Photoshop 的钢笔工具再结合 3D 功能，来制作一个精美的花瓶，具体操作步骤如下。

| 步　　骤 | 说明或截图  |
|---|---|
| 1 启动 Photoshop，新建一个图像文件，填充青色；<br>单击“滤镜→渲染→光照效果”菜单命令，用“全光源”照亮图层。 | 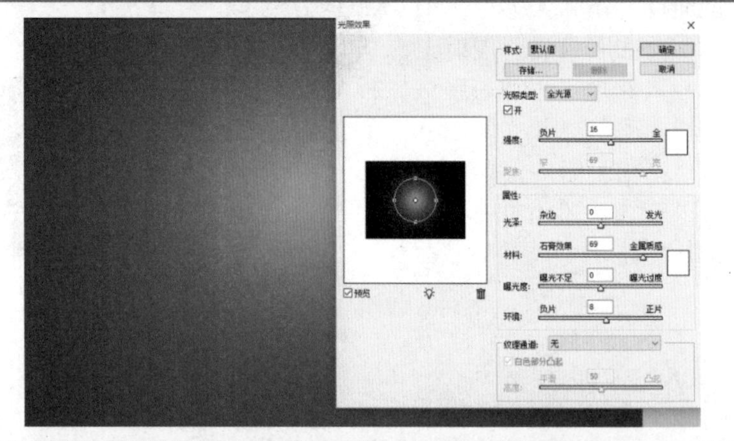 |
| 2 使用钢笔工具依花瓶的半个剖面，绘制一个形状图层。 | 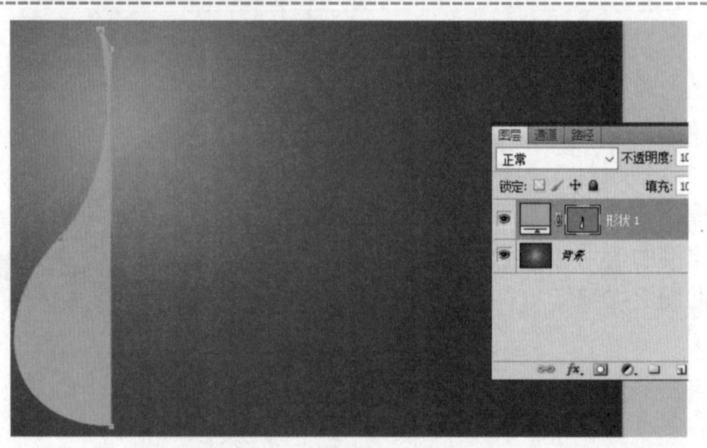 |

3　单击“3D→凸纹→图层蒙版”菜单命令，打开“凸纹”设置对话框；设置好形状、材质、深度、X轴角度、网格品质等；

使用对象旋转工具对花瓶做适当旋转，如下图所示。

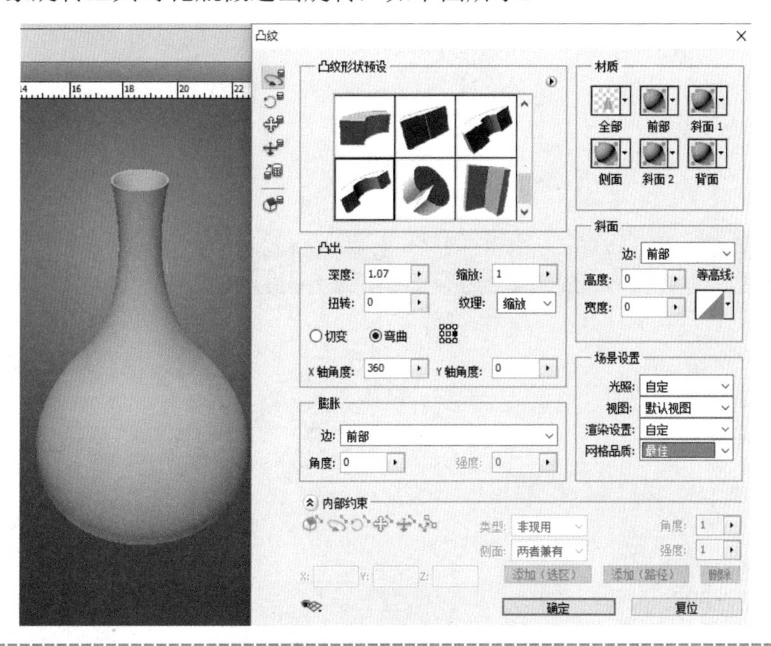


4　单击3D（场景）功能面板，设置：

凸出材质→漫射→载入纹理：添加一张国画图片；

单击“漫射→编辑属性”，打开“纹理属性”编辑对话框，设定U、V比例的值，完成制作。

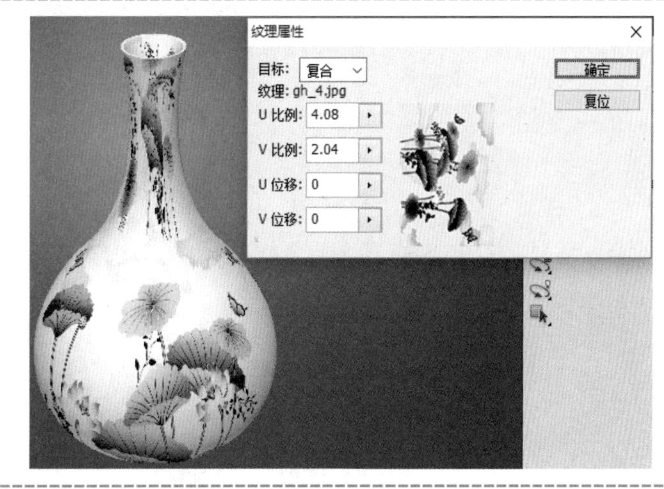

## 学习任务单

| 一、学习方法建议 |
| --- |
| 观看微课→预操作练习→听课（老师讲解、示范、拓展）→再操作练习→完成学习任务单 |

| 二、学习任务 | |
|---|---|
| 1. 绘制形状图层 | □ |
| 2. 3D→凸纹→图层蒙版 | □ |
| 3. 设置形状 | □ |
| 4. 设置材质 | □ |
| 5. 设置 X 轴角度 | □ |
| 6. 载入纹理 | □ |
| 7. 编辑属性 | □ |
| 三、困惑与建议 | |
| | |

# 任务二十一　快速蒙版（一）

微课资源

## 一、任务导入

使用快速蒙版（对应的快捷键：Q），可实现对象的精确选取，如图 1-24 所示。

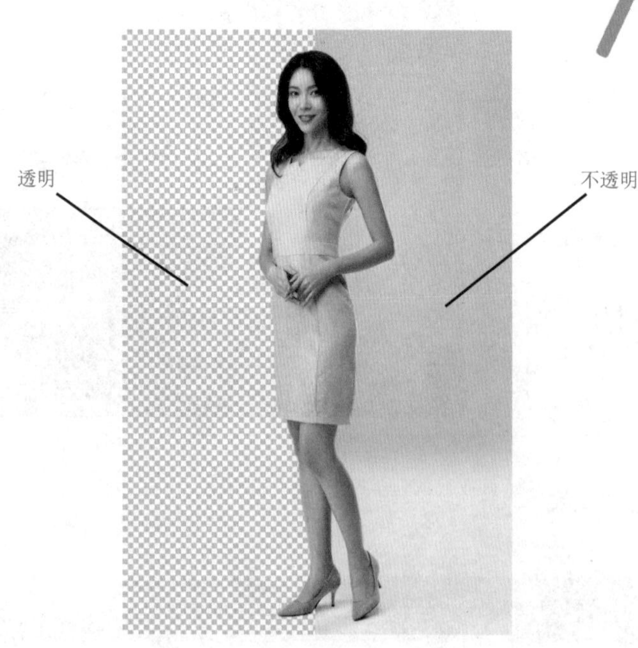


图 1-24　对象的精确选取

## 二、任务实施

| 步　骤 | 说明或截图 |
|---|---|
| **1 初步选取**<br>启动 Photoshop，打开一个图像文件，使用魔棒工具在人物之外的区域做初步选取。 |  |
| **2 快速蒙版**<br>按 Q 键切换至快速蒙版，此时，我们看到非选择区域为红色。 |  |

**3 精确选取**

放大细节，使用画笔工具，调整笔触及前景色，将人物的轮廓精确地“画”出来。

注：在快速蒙版上，使用黑色表示减少选区，使用白色表示增加选区。

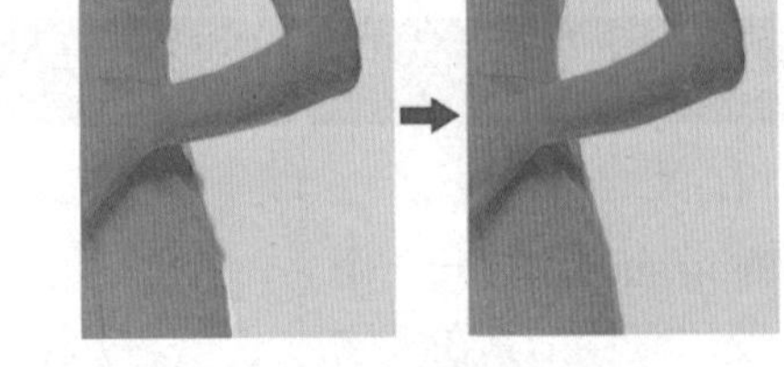

**4 正常编辑模式**

按 Q 键返回正常编辑模式，再按 Del 键，删除背景，完成人物的“去背”或抠图。

## 三、任务拓展

利用快速蒙版，可制作图片的撕裂效果，具体操作步骤如下：

| 步　骤 | 说明或截图 |
| --- | --- |
| 1 启动 Photoshop，打开一个图像文件。 | |

2 复制图层，按快捷键 Ctrl+T 缩放；

选中图层，编辑→描边：

- 宽度：8；
- 位置：内部。

3 按快捷键 Ctrl+T 变形，调节四周的控制点，对图片做变形处理。

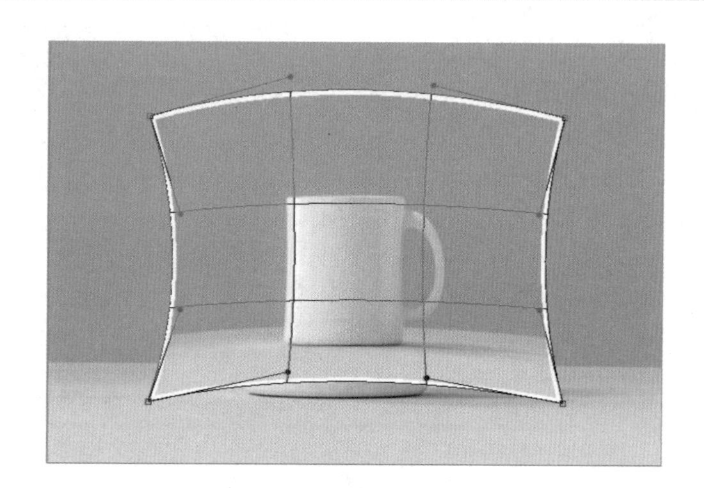

4 使用套索工具，建立不规则选区，按 Q 键，切换至快速蒙版。

5 单击“滤镜→像素化→晶格化”菜单命令，在快速蒙版上对选区进行编辑。

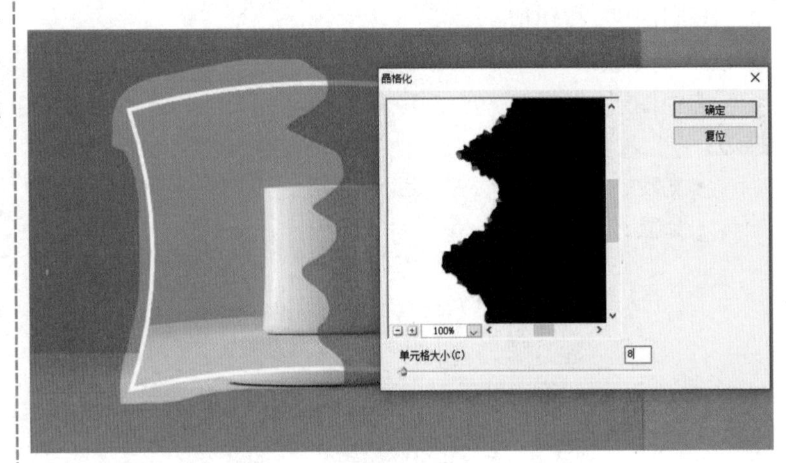


6 按 Q 键返回正常编辑模式，使用移动工具将照片“撕开”；

按快捷键 Ctrl+T，对左、右两半图片做适当旋转。

7 将“撕开”的图片选定，单击“编辑→描边”菜单命令，设定参数：

- 宽度：2 像素；
- 位置：内部。

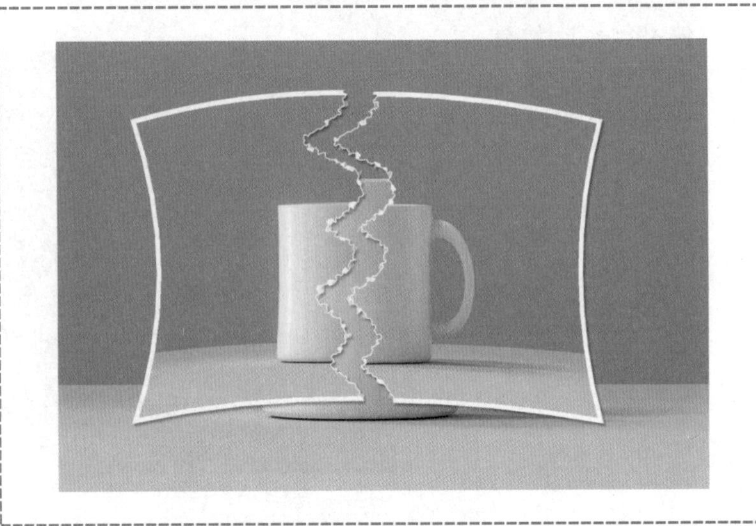

## 学习任务单

| 一、学习方法建议 | |
|---|---|
| 观看微课→预操作练习→听课（老师讲解、示范、拓展）→再操作练习→完成学习任务单 | |
| **二、学习任务** | |
| 1．正常编辑模式与快速蒙版模式切换 | □ |
| 2．用画笔编辑快速蒙版 | □ |
| 3．在蒙版上添加选区 | □ |
| 4．在蒙版上减少选区 | □ |
| 5．对选区进行晶格化处理 | □ |
| 6．完成图片撕裂效果 | □ |
| **三、困惑与建议** | |
| | |

# 任务二十二　快速蒙版（二）

## 一、任务导入

使用快速蒙版（对应的按键：Q），除了可实现对象的精确选取之外，还可对选区进行特效处理。

## 二、任务实施

| 步　骤 | 说明或截图 |
|---|---|
| **1　建立选区**<br>启动 Photoshop，打开一个图像文件，在图层上建立椭圆形选区。 |  |

### 2 快速蒙版

按 Q 键切换至快速蒙版，此时，我们看到非选择区域为红色；

单击“滤镜→模糊→高斯模糊”菜单命令，对选区的边缘进行高斯模糊处理。

### 3 波尔卡点

单击“滤镜→像素化→彩色半调”菜单命令，对边界设置波尔卡点效果。

### 4 正常编辑模式

按 Q 键返回正常编辑模式，按组合键 Ctrl+Shift+I 进行反选；

再按 Del 键删除之后，得到图片的波尔卡点边框效果。

## 三、任务拓展

利用快速蒙版，可制作水晶状的图片边框效果，具体操作步骤如下：

| 步　骤 |  |
|---|---|
| 1 启动 Photoshop，打开一个图像文件，在图层上建立椭圆形选区。 |  |
| 2 按 Q 键切换至快速蒙版，单击“滤镜→模糊→高斯模糊”菜单命令，设置相关参数。 | 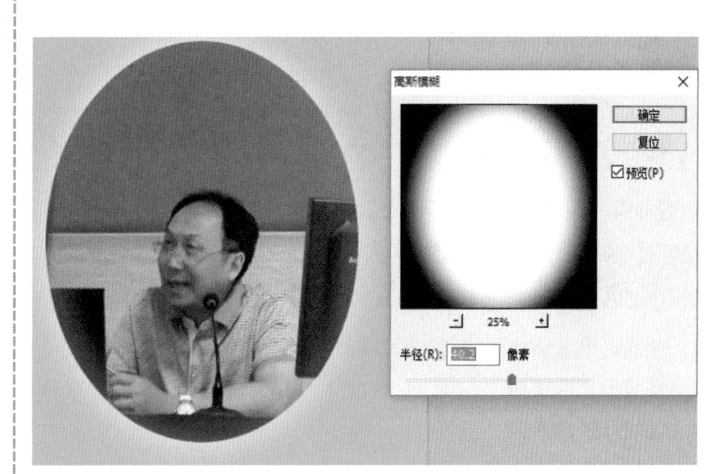 |
| 3 单击“滤镜→像素化→晶格化”菜单命令，设置相关参数。 |  |

4 按Q键返回正常编辑模式，按组合键 Ctrl+Shift+I进行反选；

再按 Del 键删除之后，得到图片的水晶状边框效果；

使用渐变工具，进行“色谱→角度渐变”，再按 Del键删除之后，得到彩色的图片水晶状边框效果，如右图所示。

## 学习任务单

| 一、学习方法建议 | |
|---|---|
| 观看微课→预操作练习→听课（老师讲解、示范、拓展）→再操作练习→完成学习任务单 | |
| **二、学习任务** | |
| 1．建立选区并切换至快速蒙版 | □ |
| 2．滤镜→高斯模糊 | □ |
| 3．滤镜→彩色半调 | □ |
| 4．滤镜→晶格化 | □ |
| **三、困惑与建议** | |
| | |

# 项目二

# 照片修复

在本项目中，我们介绍的是使用Photoshop对有缺陷的数码照片进行修复，使用魔棒、背景橡皮擦以及通道进行抠图的方法。

## 学习目标

1. 去除文字水印；
2. 曲线调节；
3. 逆光等照片修复；
4. 抠图；
5. 批处理。

## 任务一　去除文字水印

微课资源

### 一、任务导入

从网上获取的图片素材往往都带有其出处的文字或图形水印，因此要设法将其去除，如图 2-1 所示。

图 2-1　水印图片

## 二、任务实施

| 步　　骤 | 说明或截图 |
|---|---|
| 1 打开图片：<br>在 Photoshop 中打开一幅带折痕的旧图片。 |  |
| 2 去除水印<br>单击污点修复画笔工具，在选项栏上调整好笔触大小；<br>用污点修复画笔工具直接在水印文字上涂抹，可直接去除水印文字。 |  |

## 三、任务拓展

使用同样的方法，我们可对旧书或有折痕的图片进行修复，具体操作步骤如下：

| 步　　骤 | 说明或截图 |
|---|---|
| 1 在 Photoshop 中打开一幅带文字水印的旧图片。 |  |

2 单击污点修复画笔工具，在选项栏上调整好笔触大小；

用污点修复画笔工具直接在水印文字及折痕上涂抹，可直接去除图片上的水印文字及折痕。

## 学习任务单

| 一、学习方法建议 | |
|---|---|
| 观看微课→预操作练习→听课（老师讲解、示范、拓展）→再操作练习→完成学习任务单 | |
| 二、学习任务 | |
| 1．污点修复画笔笔触大小设定 | □ |
| 2．除水印 | □ |
| 3．除污渍、折痕 | □ |
| 三、困惑与建议 | |
| | |

# 任务二 图像调整（曲线）

## 一、任务导入

通常手机或数码相机在一定环境中自动拍摄的照片，会存在曝光不足、亮度过暗等缺陷，使用 Photoshop 中的曲线命令，可以调节照片全体或是局部的亮度、颜色等，如图 2-2 所示。

调整前

调整后

图 2-2　曲线调整

## 二、任务实施

| 步　　骤 | 说明或截图 |
| --- | --- |
| 1 打开图片：<br>在 Photoshop 中打开一幅拍摄亮度过暗的图片。 |  |

| | |
|---|---|
| 2 调整曲线<br>单击“图像→调整→曲线”菜单命令或按快捷键 Ctrl+M，打开“曲线”对话框；<br>如右图所示，调节曲线使图片变亮。<br>注：曲线命令是影楼在处理照片时使用频率最高的。 |  |

## 三、任务拓展

使用曲线命令，我们还可对图片的色彩偏差进行校正，具体操作步骤如下：

| 步　骤 | 说明或截图 |
|---|---|
| 1 在 Photoshop 中打开一幅色彩偏冷的图片。 |  |
| 2 单击“图像→调整→曲线”菜单命令或按快捷键：Ctrl+M，打开“曲线”对话框；<br>将通道设定为：红，调节曲线如右图所示，完成图片色偏的校正。 |  |

学习任务单

| 一、学习方法建议 | |
|---|---|
| 观看微课→预操作练习→听课（老师讲解、示范、拓展）→再操作练习→完成学习任务单 | |
| 二、学习任务 | |
| 1. 曲线所对应的快捷键 | □ |
| 2. 用曲线调整亮度 | □ |
| 3. 用曲线调整色偏 | □ |
| 三、困惑与建议 | |
| | |

# 任务三　修复逆光照片

## 一、任务导入

通常在逆光下拍照时，人会显得暗淡且模糊。使用 Photoshop 中的“阴影→高光”命令，可以将照片人物调整为明亮、清晰且保持背景不变，如图 2-3 所示。

调整前

调整后

图 2-3　修复逆光照片

## 二、任务实施

| 步　　骤 | 说明或截图 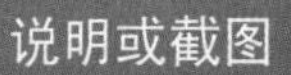 |
| --- | --- |
| **1 打开图片**<br>在 Photoshop 中打开一幅逆光拍摄的照片； |  |

**2 调整阴影/高光**

单击“图像→调整→阴影/高光”菜单命令，打开“阴影/高光”调整对话框；用鼠标在人的面部单击取样，再调整阴影的数量，使画面亮起来，完成制作。

## 三、任务拓展

使用“图像→调整→阈值”菜单命令，可在较短时间内将数码相片转换成矢量线条图，具体操作步骤如下：

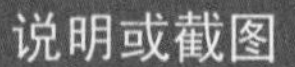

| 步　骤 | 说明或截图 |
| --- | --- |
| 1　在 Photoshop 中打开一幅数码照片。 | 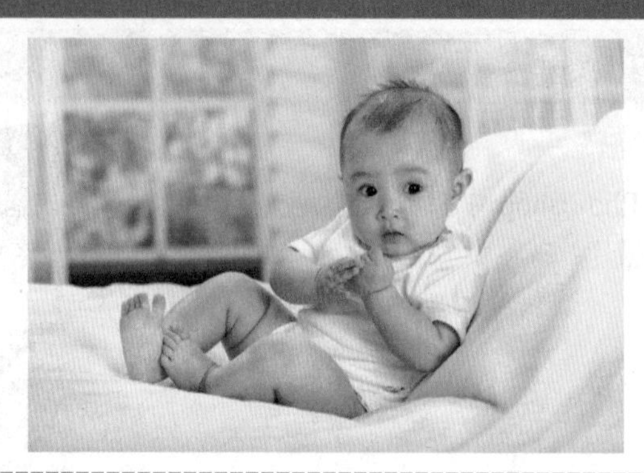 |
| 2　单击“图像→调整→阈值”菜单命令，打开“阈值”对话框；<br>调整阈值色阶的值，可快速将位图转换成线条图。 | 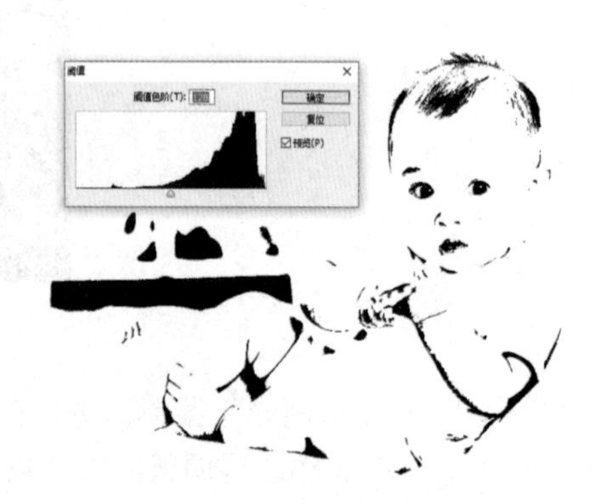 |

## 学习任务单

**一、学习方法建议**

观看微课→预操作练习→听课（老师讲解、示范、拓展）→再操作练习→完成学习任务单

**二、学习任务**

1. 打开“图像→调整→阴影/高光” ☐
2. 修复逆光照片 ☐
3. 打开“图像→调整→阈值” ☐
4. 将位图转换成线条图 ☐

**三、困惑与建议**

# 任务四 修复画笔

## 一、任务导入

修复画笔工具的工作方式与污点修复画笔工具类似，不同之处在于：修复画笔要先在画面中取样，然后才能将样本像素的纹理、光照、透明度和阴影与源像素进行匹配，从而使修复后的像素不留痕迹地融入图像，如图 2-4 所示。

修复前

修复后

图 2-4 修复照片

## 二、任务实施

| 步 骤 | 说明或截图 |
| --- | --- |
| **1 打开图片**<br>在 Photoshop 中打开一幅老照片。 |  |

**2 去色**

单击“图像→调整→去色”菜单命令，去除灰度之外的其他颜色。

**3 修复**

单击修复画笔工具，按住 Alt 键在源画面中取样，然后对准要修复的目标区域进行涂抹，完成白斑、划痕等缺陷的修复。

## 三、任务拓展

使用 Photoshop 的修补工具，可对图片的大片区域进行修复，具体操作步骤如下：

| 步　骤 | 说明或截图 |
| --- | --- |
| 1 在 Photoshop 中打开一幅数码照片，将要修复的区域用修补工具选中，比如我们要除去画面中的汽车。 |  |
| 2 将选定的区域（待修复的区域）拖曳至目标区域（源区域），完成图片的修复。 |  |
| 3 最后使用仿制图章工具对画面中的一些细节进行调整，完成制作，效果如右图所示。 |  |

学习任务单

| 一、学习方法建议 | |
|---|---|
| 观看微课→预操作练习→听课（老师讲解、示范、拓展）→再操作练习→完成学习任务单 | |
| 二、学习任务 | |
| 1. 打开修复画笔工具，调整笔触大小 | □ |
| 2. 修复老照片 | □ |
| 3. 打开修补工具，设定选择范围 | □ |
| 4. 大面积修复照片指定区域 | □ |
| 三、困惑与建议 | |
| | |

微课资源

## 任务五　色彩平衡

### 一、任务导入

当拍摄的照片出现偏冷或偏暖的色调时，我们可使用“色彩平衡”命令对其进行调整，如图 2-5 所示。

修复前

修复后

图 2-5　色彩平衡

## 二、任务实施

| 步　骤 | 说明或截图 |
| --- | --- |
| **1 打开图片**<br>在 Photoshop 中打开一幅有色偏的照片。<br>注：此处的照片色调偏暖。 |  |
| **2 色彩平衡**<br>单击“图像→调整→色彩平衡”菜单命令，打开相应的对话框，将滑块向青、绿、蓝等冷色调方向调整，从而纠正照片的色偏，使其看上去更加自然。 |  |

## 三、任务拓展

对数码照片色彩偏差的校正，还可以通过“图像→调整→变化”菜单命令来完成，具体操作步骤如下：

| 步　　骤 | 说明或截图 |
| --- | --- |
| 1　在 Photoshop 中打开一幅色偏的数码照片。 |  |

2　单击“图像→调整→变化”菜单命令，打开相应的对话框，在其上，可方便地对图像进行各种颜色设置，并可以和原稿进行比较，直到满意为止。

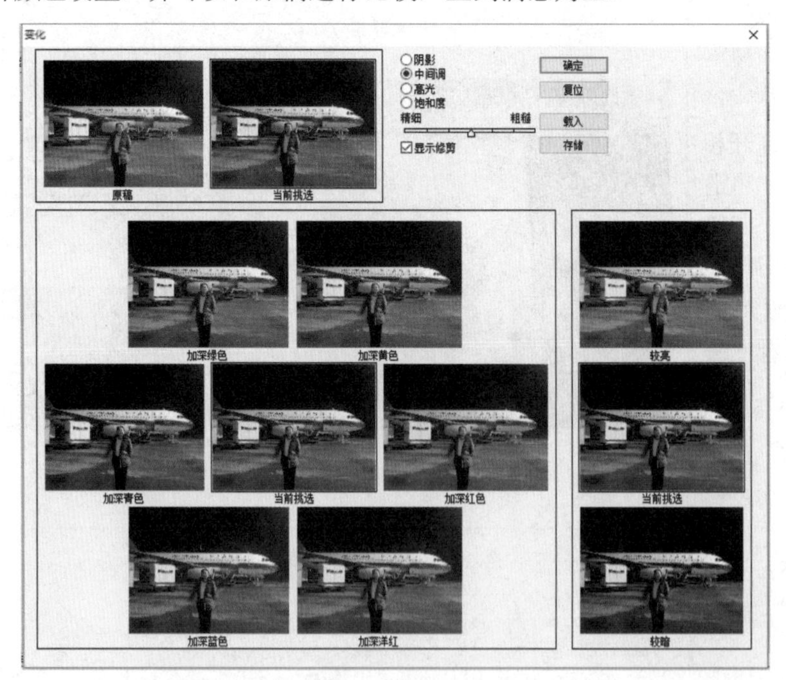

## 学习任务单

| 一、学习方法建议 |
| --- |
| 观看微课→预操作练习→听课（老师讲解、示范、拓展）→再操作练习→完成学习任务单 |
| 二、学习任务 |
| 1. 打开一张色偏的图片 □<br>2. 使用“色彩平衡”命令调整图片的颜色 □<br>3. 打开另一张色偏的图片 □<br>4. 使用“变化”命令调整图片的颜色 □ |
| 三、困惑与建议 |
| |

# 任务六 版刻画（阈值）

## 一、任务导入

当拍摄照片时由于抖动而造成相片模糊的情况是经常出现的，此时我们可使用“智能锐化”命令对其进行调整，如图 2-6 所示。

修复前

修复后

图 2-6 模糊变清晰

## 二、任务实施

| 步　　骤 | 说明或截图 |
| --- | --- |
| **1 打开图片**<br>在 Photoshop 中打开一幅由于拍摄抖动而有些模糊的照片。 |  |
| **2 智能锐化**<br>单击“滤镜→锐化→智能锐化”菜单命令，打开相应的对话框；<br>调整数量、半径、移去项的值，从而使照片变得清晰。 |  |

## 三、任务拓展

对于反差比较弱且层次感也不明显的数码照片进行调整时，还可以通过“图像→调整→色阶”菜单命令来完成，具体操作步骤如下：

| 步　　骤 | 说明或截图 |
| --- | --- |
| 1　在 Photoshop 中打开一幅层次感不明显的数码照片。 |  |
| 2　单击“图像→调整→色阶”菜单命令或用快捷键 Ctrl+L，打开相应的对话框；<br>在对话框中，对白场、黑场、灰场的滑块进行调整，直到照片的层次分明。 |  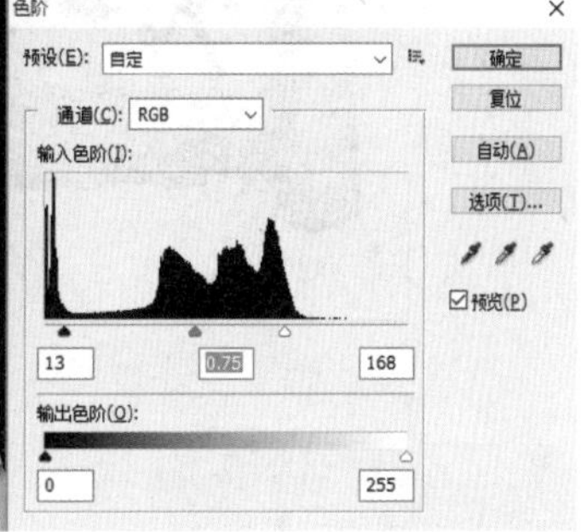  |

## 学习任务单

**一、学习方法建议**

观看微课→预操作练习→听课（老师讲解、示范、拓展）→再操作练习→完成学习任务单

**二、学习任务**

1. 打开一张拍摄较模糊的图片 □
2. 使用“智能锐化”或 USM 锐化进行调整 □
3. 打开另一张反差不明显的图片 □
4. 使用“色阶”命令调整图片的层次 □

**三、困惑与建议**

# 任务七 图层混合

## 一、任务导入

使用图层混合模式对分别位于两个图层之上的对象进行各种混合设置，可获得许多不同的效果，如图 2-7 所示。

混合前

混合后

图 2-7 图层混合模式——正片叠底

## 二、任务实施

| 步 骤 | 说明或截图 |
| --- | --- |
| 1 打开图片<br>将两幅素材图片分别放置在两个图层之上。 |  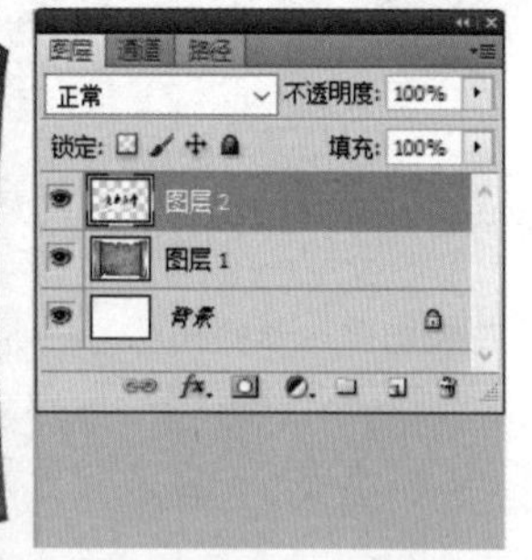 |
| 2 正片叠底<br>单击“设置图层的混合模式”，将其设定为：正片叠底，可获得如右图所示的效果。 |   |

## 三、任务拓展

我们可通过图层混合模式对图层进行“混合”，以获得数码相片的线条稿，具体操作步骤如下：

<table>
<tr><th>步　骤</th><th>说明或截图</th></tr>
<tr><td>1 在 Photoshop 中打开一幅人物的数码照片。</td><td>

</td></tr>
<tr><td>2 单击“图像→调整→黑白”菜单命令，去掉彩色，获得灰度图片。</td><td>

</td></tr>
</table>

3 复制图层，单击“图像→调整→反相”菜单命令，得到图片的负片效果。

将图层混合模式设置为“颜色减淡”。

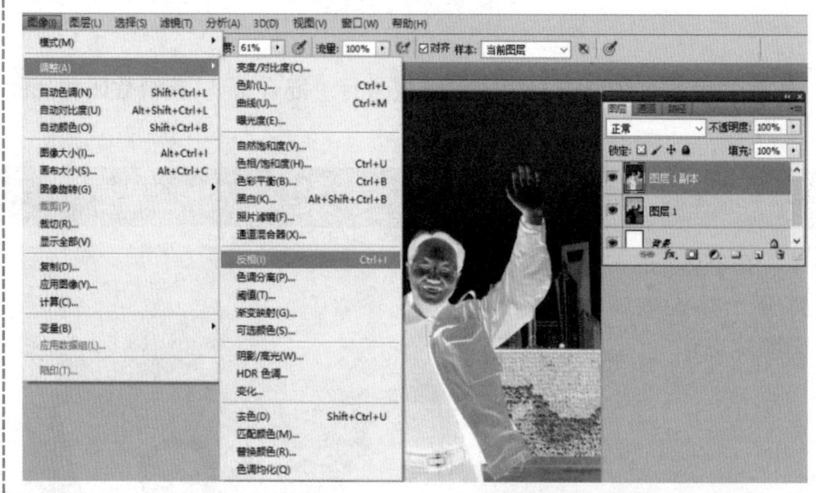

4 将图层混合模式设置为“颜色减淡”，出现一片白的效果。

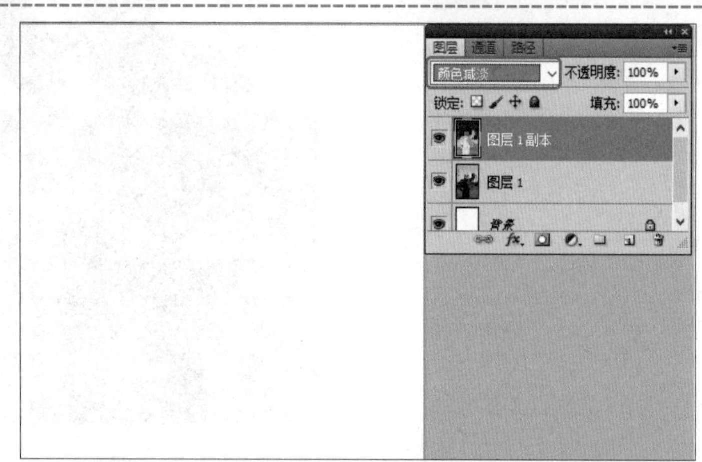

4 单击“滤镜→模糊→高斯模糊”菜单命令，调整半径的值，即可获得图片的初步线条稿。

5 合并图层，调整色阶（Ctrl+L），完成最终的图片线条稿制作，效果如右图所示。

## 学习任务单

### 一、学习方法建议

观看微课→预操作练习→听课（老师讲解、示范、拓展）→再操作练习→完成学习任务单

### 二、学习任务

1．将两个对象分别置于两个图层 □
2．测试各种不同的图层混合模式 □
3．正片叠底模式的设置 □
4．负片设置 □
5．颜色减淡模式的设置 □
6．高斯模糊滤镜的使用 □
7．色阶的使用 □

### 三、困惑与建议

# 任务八　预设动作

## 一、任务导入

使用 Photoshop 的预设动作，可以对指定文件夹中的一批图片执行相同的操作，例如：批量裁切大小、统一加边框等，如图 2-8 所示。

加边框前

加边框后

图 2-8　预设动作

## 二、任务实施

<table>
<tr><th>步　骤</th><th>说明或截图</th></tr>
<tr><td>1 准备素材<br>在一个文件夹中共存放了四张图片，其尺寸各不相同，如右图所示。</td><td>NTU_16 (E:) › 素材　搜索"素材"<br>WLMQ_2.JPG　类型: ACDSee 10.0 JPEG 图像　分辨率: 3840 x 2160　拍摄日期: 2015/10/30 17:35　大小: 2.02 MB<br>WLMQ_27.JPG　类型: ACDSee 10.0 JPEG 图像　分辨率: 3840 x 2160　拍摄日期: 2015/11/1 19:31　大小: 3.13 MB<br>海航.jpg　类型: ACDSee 10.0 JPEG 图像　分辨率: 2288 x 1223　拍摄日期: 2014/12/22 9:18　大小: 627 KB<br>南航.jpg　类型: ACDSee 10.0 JPEG 图像　分辨率: 841 x 532　拍摄日期: 2014/12/22 9:17　大小: 105 KB</td></tr>
<tr><td>2 图像处理器<br>单击“文件→脚本→图像处理器”菜单命令，打开相应的对话框：<br>设定好源文件夹、目标文件夹、调整好图片的宽度、高度，再单击“运行”按钮，开始对文件夹中的图片批量裁剪大小。</td><td>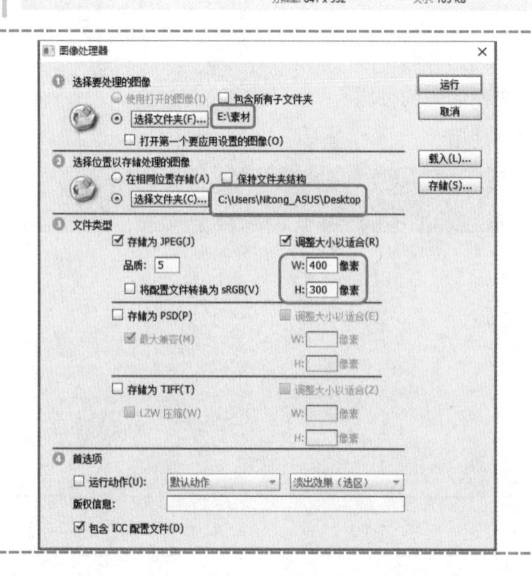
</td></tr>
</table>

**3 验证结果**

打开目标文件夹，可见所有的图片文件已被裁剪成相同的宽度。

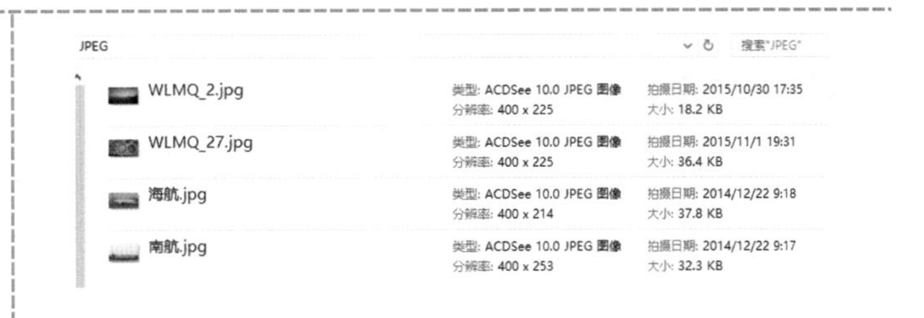


## 三、任务拓展

我们可通过 Photoshop 中的"文件→自动→批处理"菜单命令，对指定的文件夹中的一批图片添加相同的边框效果，具体操作步骤如下：

| 步　骤 | 说明或截图 |
| --- | --- |
| 1 在 Photoshop 中单击"文件→自动→批处理"菜单命令，打开相应的对话框，如右图所示。 | 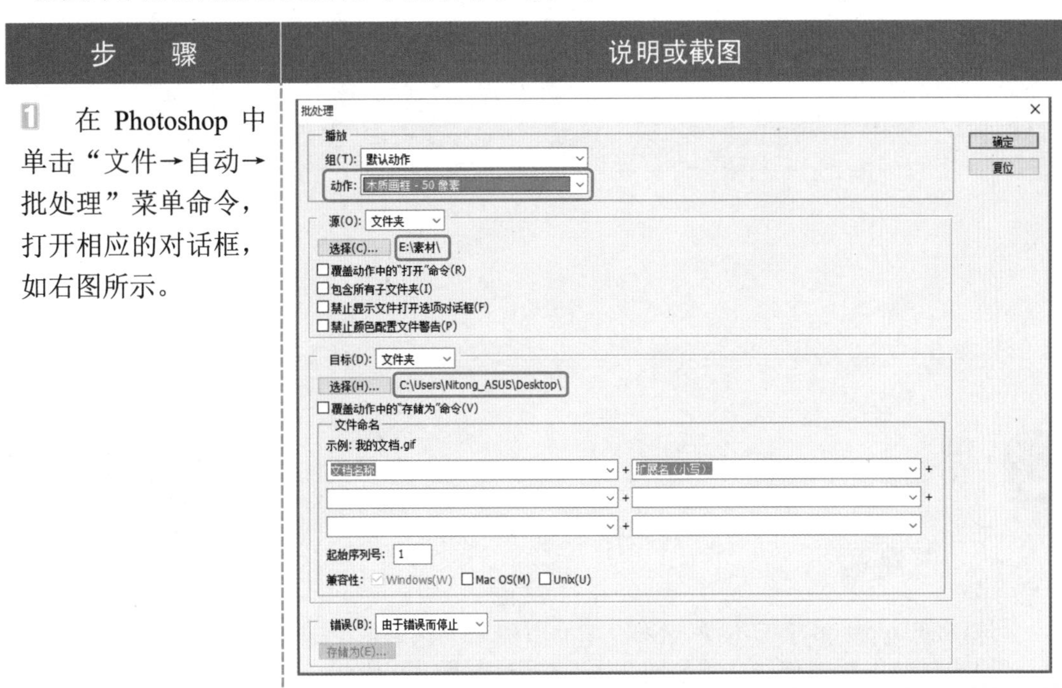 |
| 2 单击"确定"按钮，将开始对文件夹中的一批图片统一添加相同的边框。 |  |

## 学习任务单

| 一、学习方法建议 | |
|---|---|
| 观看微课→预操作练习→听课（老师讲解、示范、拓展）→再操作练习→完成学习任务单 | |
| 二、学习任务 | |
| 1．批处理→边框 | ☐ |
| 2．脚本→图像处理器 | ☐ |
| 3．将一批图片统一添加边框 | ☐ |
| 4．将一批图片裁切成相同尺寸 | ☐ |
| 三、困惑与建议 | |
| | |

# 任务九　自定义动作

## 一、任务导入

可以将 Photoshop 中的水渍、木纹、岩石等效果及纹理制作录制成“自定义动作”，以便能在其他场合快速应用，如图 2-9 所示。

加水渍前

加水渍后

图 2-9　水渍效果

## 二、任务实施

| 步　骤 | 说明或截图 |
| --- | --- |
| **1 新建动作**<br>单击“窗口→动作”菜单命令，打开“动作”面板；<br>单击“创建新动作”按钮，出现“新建动作”对话框，单击“记录”按钮，开始录制“新动作”。 | 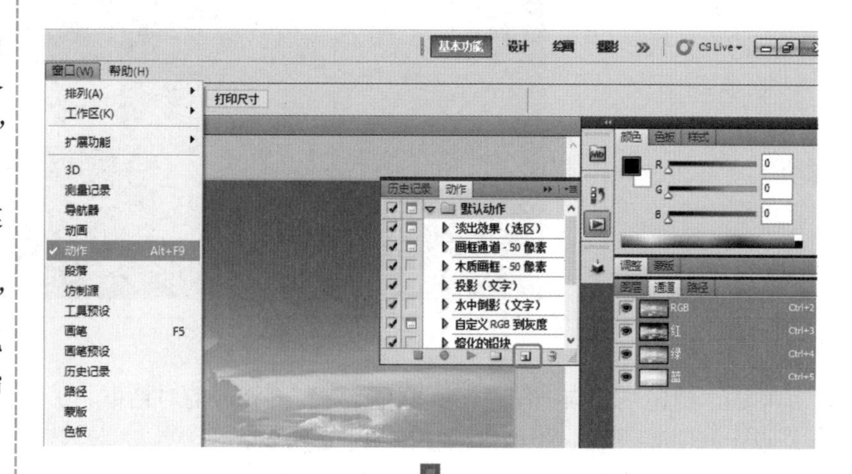<br> |
| **2 云彩**<br>在 Photoshop 中新建一通道（Alpha 1），执行“滤镜→渲染→云彩”菜单命令，效果如右图所示。 |  |

**3 高反差保留**

单击“滤镜→其他→高反差保留”菜单命令，打开相应的对话框。

将半径设置为 11 左右，如右图所示。

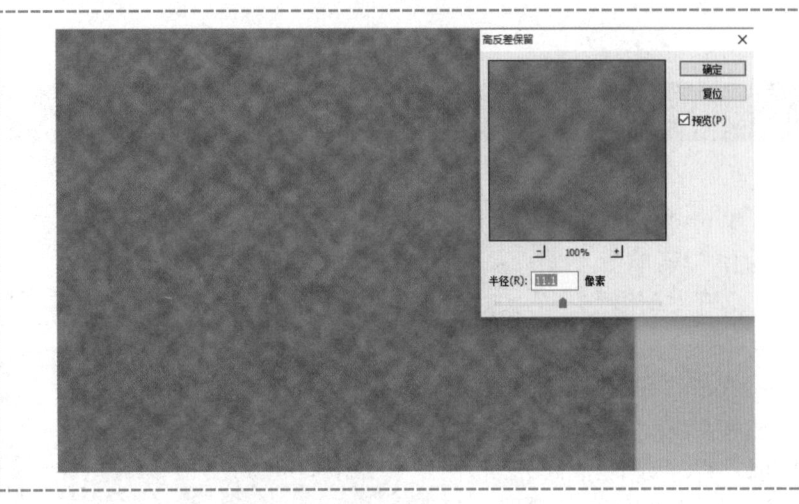


**4 图章**

单击“滤镜→素描→图章”菜单命令，打开相应的对话框。设定好明/暗平衡、平滑度的值，如下图所示。

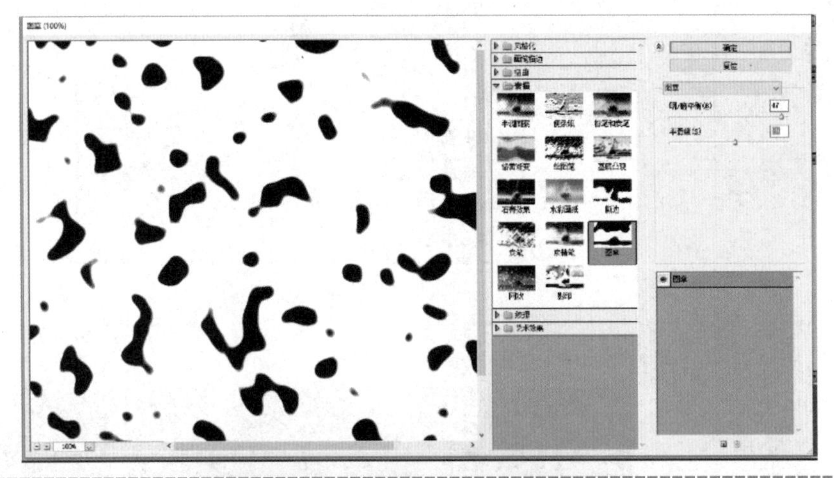

**5 反相、色阶**

单击“图像→调整→反相”菜单命令，单击“图像→调整→色阶”菜单命令，打开相应的对话框并做相应的设置，完成水渍选区的创建，如右图所示。

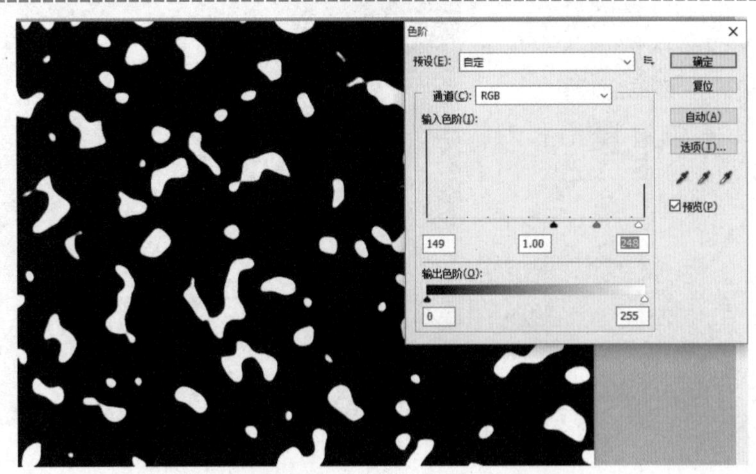

## 6 停止动作录制

单击“停止播放/记录”按钮，停止新动作的录制。

注：以后对其他的图片若要建立水渍选区，仅需将动作1播放一遍即可，避免无谓的重复劳动。

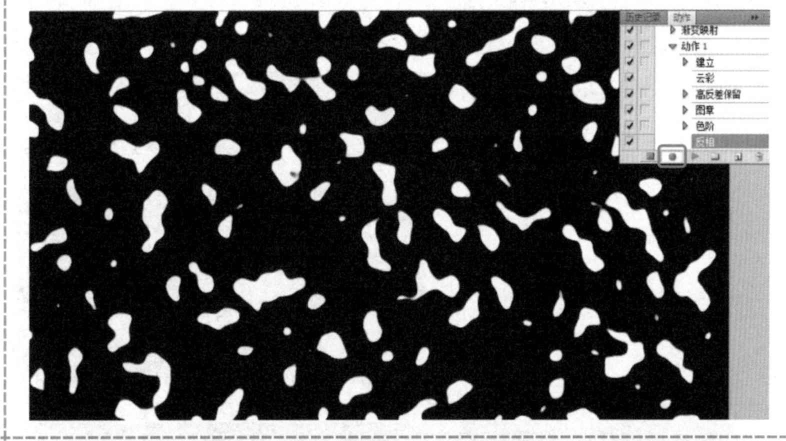


## 7 载入选区

返回图层，将通道作为选区载入。

## 8 图层样式

返回图层，将通道作为选区载入，将选区复制/粘贴成一个新的图层，单击“添加图层样式”按钮，设置好斜面和浮雕、投影、层不透明度等参数，完成效果制作。

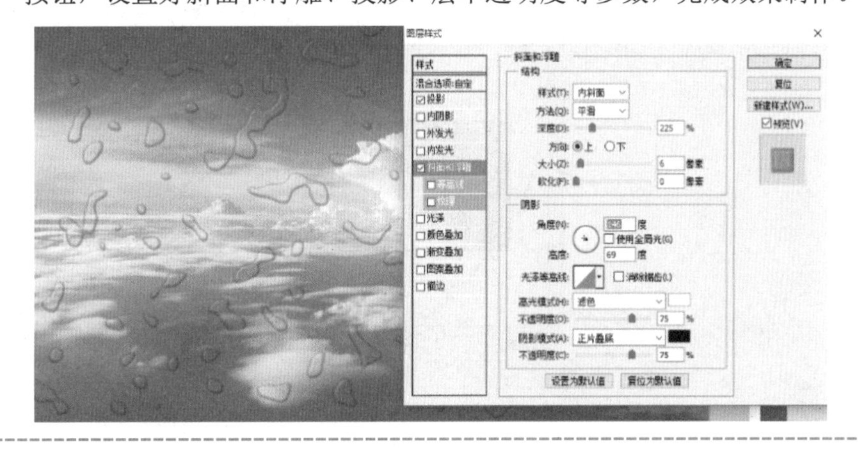


# 三、任务拓展

以下，我们通过 Photoshop 的通道来制作岩石纹理效果，具体操作步骤如下：

| 步　　骤 | 说明或截图 |
| --- | --- |
| 1　新建一个Alpha 1通道，单击“滤镜→渲染→分层云彩”菜单命令数次。 | 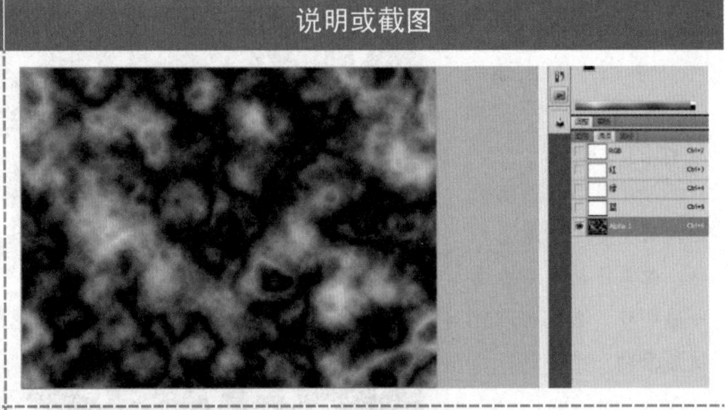 |
| 2　单击“图像→调整→亮度/对比度”菜单命令，对图像进行调整。 | 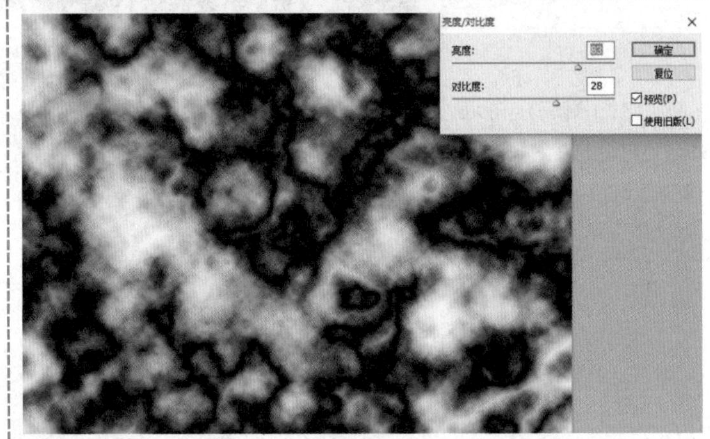 |
| 3　返回背景图层，单击“滤镜→渲染→光照效果”菜单命令，将纹理通道设定为：Alpha 1。 | 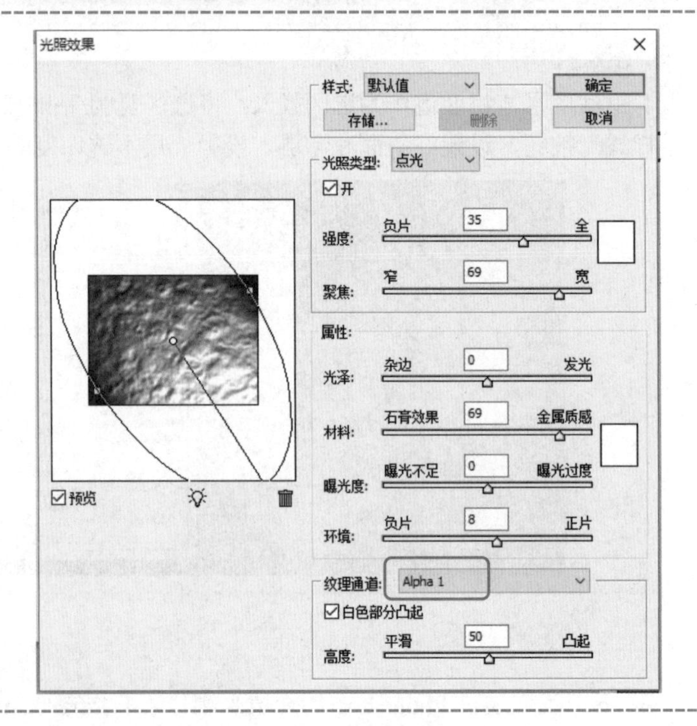 |

4 最终得到的岩石纹理效果如右图所示。

## 学习任务单

| 一、学习方法建议 |
| --- |
| 观看微课→预操作练习→听课（老师讲解、示范、拓展）→再操作练习→完成学习任务单 |
| 二、学习任务 |
| 1. 新建动作/停止动作录制 ☐<br>2. 新建 Alpha 通道 ☐<br>3. 云彩滤镜 ☐<br>4. 高反差保留滤镜 ☐<br>5. 图章滤镜 ☐<br>6. 反相调整 ☐<br>7. 色阶调整 ☐<br>8. 分层云彩滤镜 ☐<br>9. 光照效果滤镜 ☐ |
| 三、困惑与建议 |
| |

# 任务十 用魔棒抠图

## 一、任务导入

在 Photoshop 中使用魔棒工具，可对简单背景或纯色背景图片进行“抠图”（去背）处理，如图 2-10 所示。

抠图前

抠图后

图 2-10 魔棒抠图

## 二、任务实施

| 步　骤 | 说明或截图 |
| --- | --- |
| **1 打开图片**<br>在 Photoshop 中打开一幅要抠图的图片；<br>双击背景层，将其转换为普通图层。 |  |
| **2 使用魔棒**<br>单击魔棒工具，在选项栏选定“添加到选区”；<br>使用魔棒在白色区域单击，将图片上的白色区域全选中；<br>按键盘上的 Del 键，删除白色区域内容，完成“抠图”操作。 | 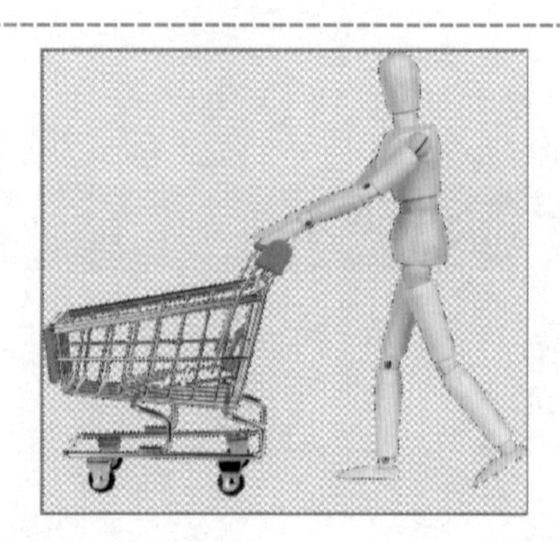 |

3 保存图片

单击“文件→存储为 Web 和设备所用格式”菜单命令，打开相应的对话框。

选择 PNG-24 格式，即可将该图片以透明背景加以保存。

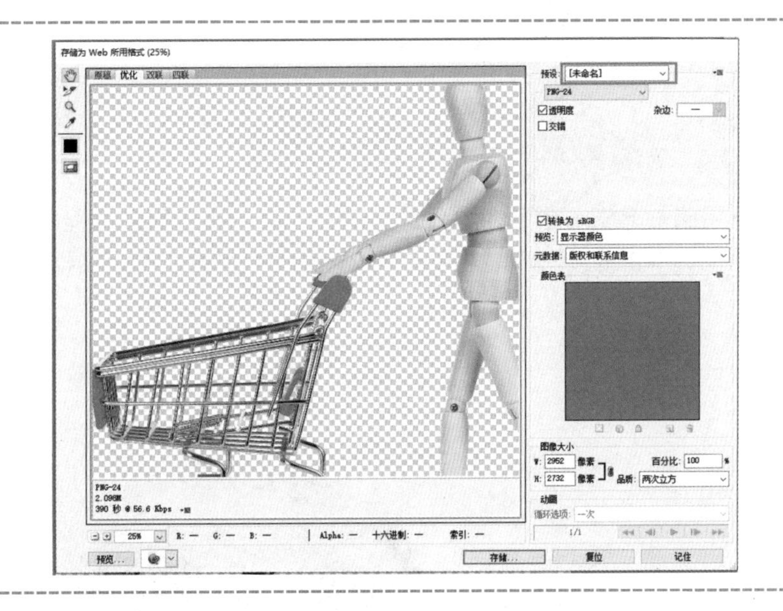

## 三、任务拓展

魔棒工具选项栏上的“容差”，决定了选取的精度，容差越大，选取的速度越快，精度越低；容差越小，选取的速度越慢，精度越高。如图 2-11 所示。

图 2-11 魔棒—容差

## 学习任务单

**一、学习方法建议**

观看微课→预操作练习→听课（老师讲解、示范、拓展）→再操作练习→完成学习任务单

**二、学习任务**

1. 选定魔棒 □
2. 设置容差值 □
3. 进行加选 □
4. 以 PNG 格式存储图片 □

**三、困惑与建议**

# 任务十一　用磁性套索抠图

## 一、任务导入

使用磁性套索可紧贴对象的边界进行选取，在选取的过程中可使用鼠标单击或按 Del 键，对选区进行调整，如图 2-12 所示。

图 2-12　使用磁性套索抠图

## 二、任务实施

| 步　　骤 | 说明或截图 |
| --- | --- |
| **1 打开图片**<br>在 Photoshop 中打开一幅图片。 |  |

| | |
|---|---|
| 2 选定对象<br>单击磁性套索工具，在要选取的对象边界处单击，然后沿对象的边缘移动鼠标，建立选区，直到将其封闭。 |  |
| 3 反选、删除<br>可使用 Q 键切换至快速蒙版，用画笔对选区再次进行编辑，直到满意为止。<br>按组合键 Ctrl+Shift+I 进行反选，按 Del 键删除多余的部分，完成对象抠图。 |  |

## 三、任务拓展

使用 Alpha 通道可对建立的选区加以保存，存储的选区还可以重新加载至图层，具体操作步骤如下：

| 步　　骤 | 说明或截图 |
|---|---|
| 1 在 Photoshop 的图层上建立选区，如右图所示。 |  |

| | |
|---|---|
| 2 单击通道面板下的“将选区存储为通道”按钮，得到一个保存选区的 Alpha 1 通道。 |  |
| 3 用画笔在 Alpha 1 通道上进行修改；<br>按住 Ctrl 键不松再单击 Alpha 1 通道，可将 Alpha 1 通道上保存的选区重新载入至图层。 |  |

## 学习任务单

**一、学习方法建议**

观看微课→预操作练习→听课（老师讲解、示范、拓展）→再操作练习→完成学习任务单

**二、学习任务**

1. 使用磁性套索选取对象 □
2. 将对象保存为透明图片 □
3. 将选区保存为 Alpha 通道 □
4. 将 Alpha 通道所保存的选区载入图层 □

**三、困惑与建议**

# 任务十二 用背景橡皮擦抠图

## 一、任务导入

使用魔棒或磁性套索只能是对简单的背景或清晰的轮廓进行"抠图"，若是要将头发、薄纱等从背景分离，则必须用到背景橡皮擦、通道这类 Photoshop 的高级功能，如图 2-13 所示。

调整前

调整后

图 2-13 用背景橡皮擦抠图

## 二、任务实施

| 步　骤 | 说明或截图 |
|---|---|
| **1 打开图片**<br>在 Photoshop 中打开一幅待抠图的照片。 | 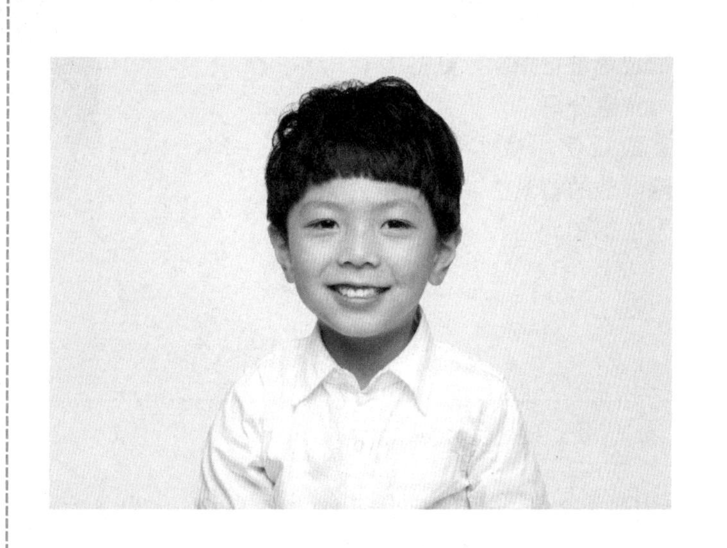 |

2 分别设置前景与背景颜色

用鼠标分别单击设置前景色与设置背景色按钮，将前景色设置成头发颜色、背景色设置成靠近头发周边的背景颜色。

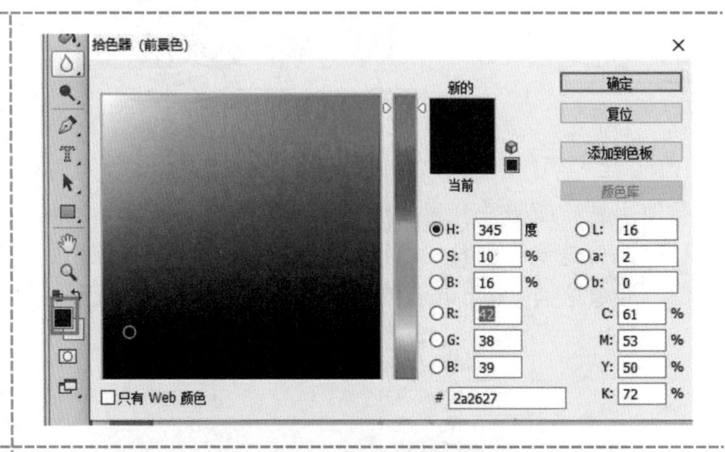


3 设置背景橡皮擦

在背景橡皮擦的“选项”面板上设置：

- 取样：背景色板；
- 限制：不连续；
- 保护前景色：选定。

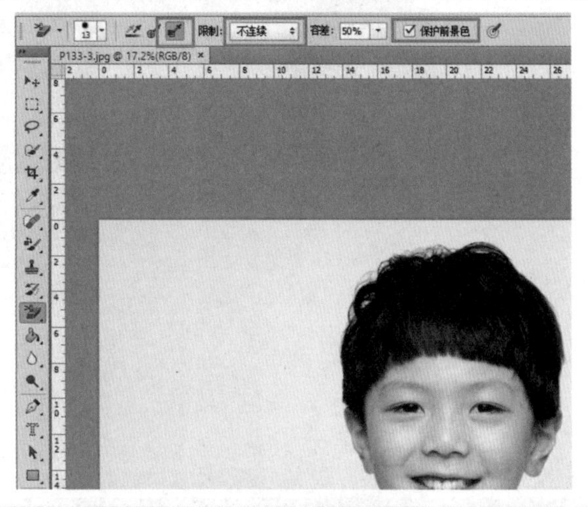


4 擦除背景

使用背景橡皮擦沿头发的边缘进行擦除，可将头发与背景分离；

最后使用魔术橡皮擦擦除其他的背景色，完成对头发的抠图。

## 三、任务拓展

对于多色的头发以及多色、复杂背景，可通过动态设定前景色、背景色，继续使用背景橡皮擦，对指定的对象进行抠图。

## 学习任务单

| 一、学习方法建议 |
| --- |
| 观看微课→预操作练习→听课（老师讲解、示范、拓展）→再操作练习→完成学习任务单 |
| 二、学习任务 |
| 1．选定一幅要抠图的图片 □<br>2．分别设定前景色、背景色 □<br>3．设置背景橡皮擦的选项面板 □<br>4．用背景橡皮擦进行抠图 □ |
| 三、困惑与建议 |
| |

# 任务十三　用通道抠图

## 一、任务导入

利用 Photoshop 中的通道面板，也可实现对复杂背景的图像进行抠图，如图 2-14 所示。

抠图前

抠图后

图 2 14　通道抠图

## 二、任务实施

| 步　　骤 | 说明或截图 |
| --- | --- |
| **1　打开图片**<br>在 Photoshop 中打开一幅待抠图的照片。 |  |

**2　复制通道**

从红、绿、蓝三个单色通道中选定一个亮度、对比度比较高的，并将其复制形成一个新的 Alpha 通道，如下图所示。

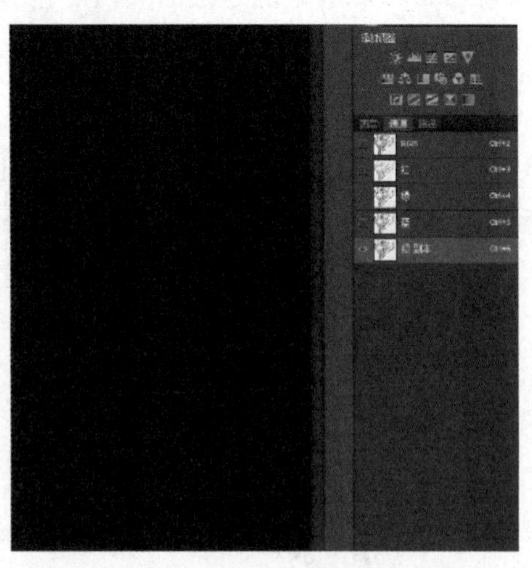

### 3 反相

按组合键 Ctrl+I，对 Alpha 通道进行反相。

### 4 调整 Alpha 通道

按组合键 Ctrl+L 打开“色阶”对话框，将树枝及花朵等均设置成白场。

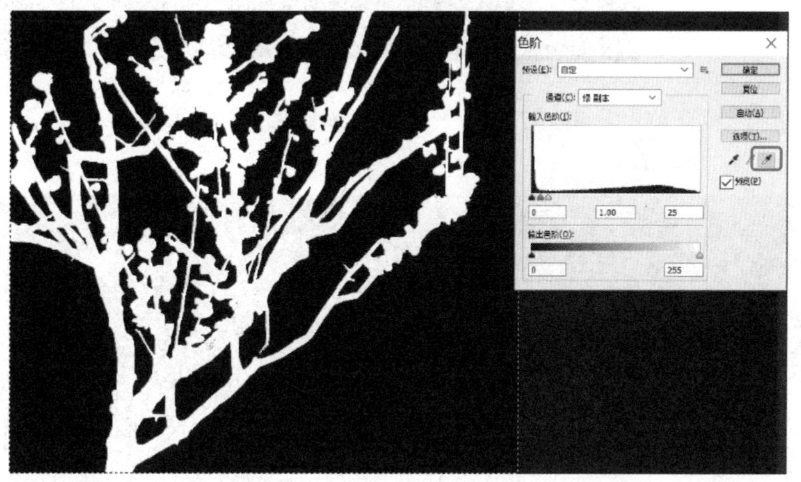


### 5 载入 Alpha 通道

按住 Ctrl 键不松再单击 Alpha 通道，将通道作为选区载入；

返回图层，按组合键 Ctrl+Shift+I 进行反选；

按 Del 键删除背景，完成抠图。

## 三、任务拓展

使用 Photoshop 的通道，可制作各类特效，现以一款特效字的制作为例，来介绍通道的另一种使用，具体操作步骤如下：

| 步　骤 | 说明或截图 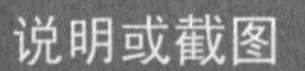 |
| --- | --- |
| 1 新建一个 Alpha 通道，单击“滤镜→杂色→添加杂色”菜单命令，输入文字，填充白色，再描一个白色边框。 |  |
| 2 返回图层，填充黄色，单击“滤镜→渲染→光照效果”菜单命令；选定纹理为 Alpha1。 |  |
| 3 单击“确定”按钮，完成制作，效果如右图所示。 |  |

## 学习任务单

| 一、学习方法建议 | |
|---|---|
| 观看微课→预操作练习→听课（老师讲解、示范、拓展）→再操作练习→完成学习任务单 | |
| **二、学习任务** | |
| 1．打开一幅待抠图照片，从 R-G-B 三个单色通道中选定其一，复制成 Alpha 通道 | □ |
| 2．执行反相 | □ |
| 3．调整色阶 | □ |
| 4．在图层上载入 Alpha 通道选区，反选，删除，完成抠图 | □ |
| 5．制作一种通道特效字 | □ |
| **三、困惑与建议** | |
| | |

# 任务十四　汽车涂装

## 一、任务导入

使用颜色替换工具，可将对象指定区域内的颜色进行替换，利用此功能可进行汽车颜色美化、涂装等，如图 2-15 所示。

涂装前

涂装后

图 2-15　色彩平衡

## 二、任务实施

| 步　　骤 | 说明或截图 |
| --- | --- |
| **1 打开图片**<br>在 Photoshop 中打开一幅待涂装的汽车照片，使用相应的工具完成对车体的选取并将其和背景分离。 |  |
| **2 设置颜色替换工具。**<br>在颜色替换工具的选项面板上设置：<br>• 取样：背景色板；<br>• 限制：不连续。 | 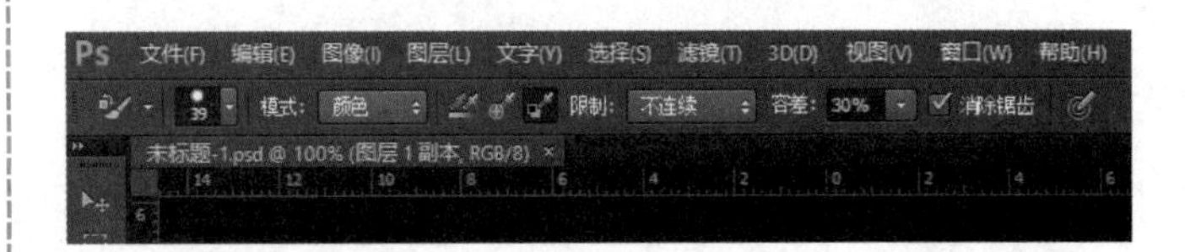 |
| **3 设置前景与背景颜色**<br>设置前景色为黄色、背景色为当前车身各处的颜色。<br>注：为了涂装的准确，需要对背景色不断地进行调整。 | 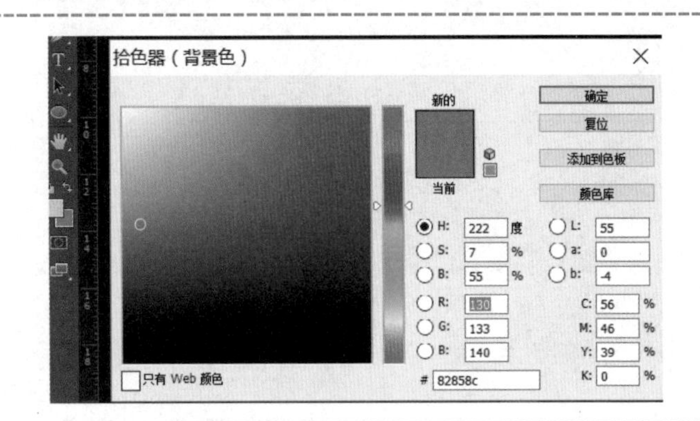 |
| **4 涂装**<br>使用颜色替换工具在车身上涂抹，此间要对背景色不断进行调整，完成制作，效果如右图所示。 |  |

## 三、任务拓展

使用画笔工具快速给黑白图片上色，具体操作步骤如下：

| 步　　骤 | 说明或截图 |
| --- | --- |
| 1　在 Photoshop 中打开一幅待上色的黑白图片。 |  |
| 2　新建 4 个图层，将图层的混合模式均设置为“颜色”；<br>分别设置前景色：<br>蓝：眼睛<br>洋红：衣服<br>红：嘴唇<br>肉色：皮肤<br>在各个图层上用画笔仔细地画出相应的部分，即可完成对黑白图片上色，效果如右图所示。 |    |

## 学习任务单

**一、学习方法建议**

观看微课→预操作练习→听课（老师讲解、示范、拓展）→再操作练习→完成学习任务单

**二、学习任务**

1. 打开一张待颜色涂抹的图片 □
2. 设置颜色替换工具的“选项” □
3. 设置前景、背景颜色开始涂抹 □
4. 设置图层混合模式为“颜色” □
5. 设置好前景色，用画笔对黑白图片着色 □

**三、困惑与建议**

# 项目三

# 海报制作

在本项目中，我们通过一张海报或张贴画的制作，来了解 Photoshop 在平面设计方面的相关技术。

## 学习目标

1. 海报/张贴画的版面设计；
2. 置入图片操作；
3. 抠图或去背；
4. 粘贴入指定的选区；
5. 标题及说明文字设定。

## 任务一　制作海报背景

### 一、任务导入

用 Photoshop 制作的柔性灯箱、广告、海报等随处可见、比比皆是，如图 3-1 所示。

图 3-1　用 PS 制作的海报

## 二、任务实施

| 步　骤 | 说明或截图 |
|---|---|

**1 版面规划**

启动 Photoshop，新建一个图像文件，依照正常的海报尺寸，设定：

- 宽度：69 毫米；
- 高度：99 毫米；
- 分辨率：200 像素/英寸。

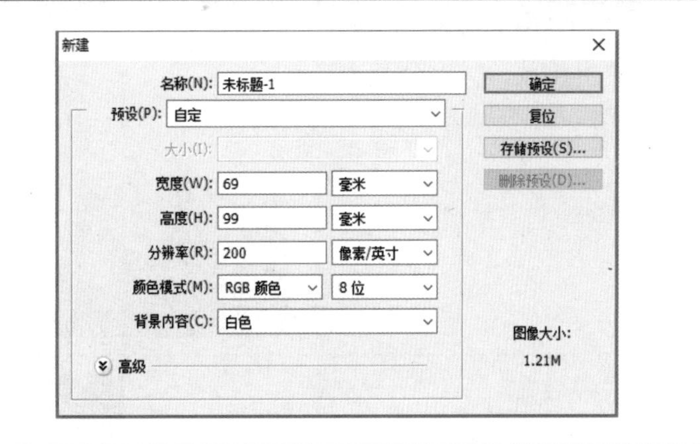


**2 渐变填充**

单击渐变工具，设定渐变编辑器的颜色：蓝-白-绿；

在背景图层上做线性渐变。

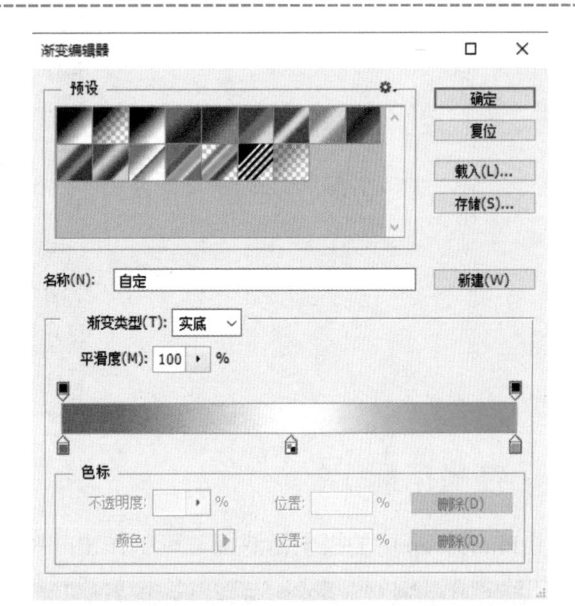


**3 叠加云彩**

新建一层，使用默认的前景色与背景色；

执行“滤镜→渲染→云彩”菜单命令，绘制云彩效果；

设置图层混合模式为：叠加。

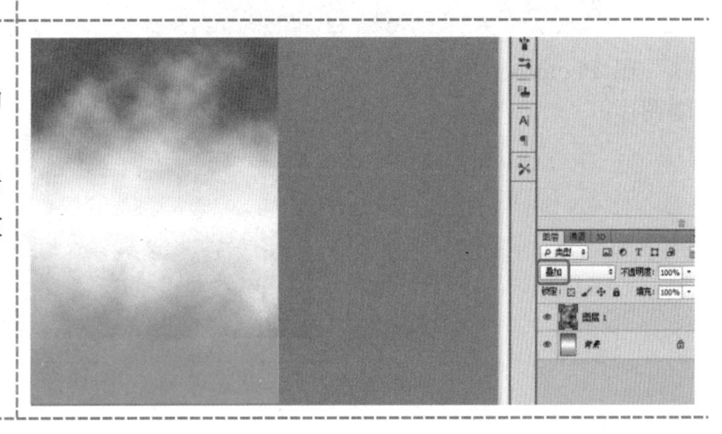

| | |
|---|---|
| 4 极坐标<br>执行“滤镜→扭曲→极坐标”菜单命令；<br>按快捷键 Ctrl+T 将其旋转 90° 并缩放。 |  |
| 5 最终效果<br>海报背景最终效果如右图所示。 |  |

## 三、任务拓展

使用 Photoshop 中的极坐标滤镜，可制作出一些神奇的图像效果，操作步骤如下：

| 步　　骤 | 说明或截图 |
|---|---|
| 1 在 Photoshop 中打开一幅图片。 |  |

| | |
|---|---|
| 2 全选，执行“滤镜→扭曲→极坐标”菜单命令。 |  |
| 3 使用仿制图章工具对图片的结合处进行修复。 |  |
| 4 按快捷键 Ctrl+T 自由变换；<br>按快捷键 Ctrl+Shift+I 反选；<br>执行“滤镜→模糊→径向模糊”命令。 |  |
| 5 最终效果如右图所示。 |  |

## 学习任务单

### 一、学习方法建议

观看微课→预操作练习→听课（老师讲解、示范、拓展）→再操作练习→完成学习任务单

**二、学习任务**

1. 设置海报版式 □
2. 渐变填充 □
3. 云彩滤镜 □
4. 图层混合→叠加 □
5. 极坐标变换 □
6. 自由变换 □

**三、困惑与建议**

# 任务二　置入图片

## 一、任务导入

本任务是将对已选定好的图片素材，置入当前背景图层。

## 二、任务实施

| 步　　骤 | 说明或截图 |
| --- | --- |
| **1 文件置入**<br>单击“文件→置入”菜单命令，可将一个图片文件插入当前。 |  |

**2 置入其他图片**

继续置入其他的图片文件，每个文件都单独占用一个图层；

调整好每张图片的位置。

**3 栅格化图层**

将置入图片所在的各个层进行“栅格化”处理，使之具有普通图层的可编辑属性。

## 三、任务拓展

Photoshop 源文件的扩展名为.psd，通常是没有缩略图预览功能的，使用起来不太方便。在 Photoshop 中可通过“文件→在 Mini-Bridge 中浏览”或“文件→在 Bridge 中浏览”菜单命令，实现对 Photoshop 源文件的预览，如图 3-2 所示。

图 3-2　在 Mini-Bridge 中浏览 PS 源文件

## 学习任务单

| 一、学习方法建议 |
| --- |
| 观看微课→预操作练习→听课（老师讲解、示范、拓展）→再操作练习→完成学习任务单 |
| **二、学习任务** |
| 1．文件→置入 □<br>2．栅格化图层 □<br>3．在 Mini-Bridge 中浏览 PS 源文件 □<br>4．在 Bridge 中浏览 PS 源文件 □ |
| **三、困惑与建议** |
| |

# 任务三 将图片进行“去背”处理

## 一、任务导入

对选定好的图片素材进行“去背”的方法有多种，像魔术橡皮擦、魔棒、磁性套索等，根据不同的对象可采用不同的方法。

## 二、任务实施

| 步　　骤 | 说明或截图 |
| --- | --- |
| 1 魔术橡皮擦<br>魔术橡皮擦工具适合对纯色背景的图片进行“去背”，其操作简单、高效。 |   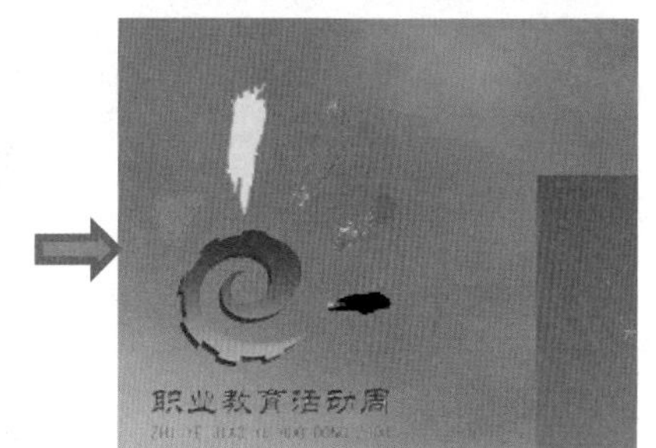  |
| 2 磁性套索+快速蒙版<br>磁性套索+快速蒙版组合最适合对不规则边缘的对象进行“去背”处理。 |   |

3 图层蒙版

在图层蒙版上进行渐变，可设定图层与背景的融合效果。

4 最终效果

通过图层的混合模式等设定，完成海报底图的制作，如右图所示。

## 三、任务拓展

在 Photoshop 中使用“自由变换→变形”命令，可快速制作图片的卷页效果，如图 3-3 所示。

图 3-3　图片卷页效果

具体操作步骤如下：

| 步　　骤 | 说明或截图 |
| --- | --- |
| 1　在 Photoshop 中打开一幅图片；<br>复制图层；<br>将背景层的图片“去色”。 |  |
| 2　在彩色图片所在的图层按组合键 Ctrl+T，准备进行自由变换；<br>右击图片，选择“变形”命令进行操作。 |  |

| | |
|---|---|
| 3 按住右下角的控制点向左上角拖曳，即可得到卷页效果。 |  |
| 4 选定图片，描白边，再添加阴影效果，最终完成卷页效果的设定，如右图所示。 |  |

## 学习任务单

| 一、学习方法建议 | |
|---|---|
| 观看微课→预操作练习→听课（老师讲解、示范、拓展）→再操作练习→完成学习任务单 | |
| 二、学习任务 | |
| 1. 用魔术橡皮擦“去背” | ☐ |
| 2. 用磁性套索+快速蒙版“去背” | ☐ |
| 3. 用图层蒙版“去背” | ☐ |
| 4. 图片“去色” | ☐ |
| 5. 自由变换→变形 | ☐ |
| 6. 设置卷页描白边 | ☐ |
| 7. 设置卷页阴影 | ☐ |

| 三、困惑与建议 |
| --- |
| |

# 任务四　将图片“贴入”指定的选区

## 一、任务导入

将选定好的图片“贴入”指定的选区中，可得到各种有创意图案编排效果，如图 3-4 所示。

图 3-4　将图片“贴入”

## 二、任务实施

| 步　　骤 | 说明或截图 |
| --- | --- |
| 1 新建形状<br>在 Photoshop 中打开海报源文件；<br>创建一个六边形形状图层。 |  |

**2 复制对象、旋转变换**

复制一个六边形，将其移到一个适当的位置；

移出中心点至原六边形的中心；

在选项栏上设定旋转 60°。

**3 边变换、边复制**

按组合键 Ctrl+Alt+Shift+T 5次，得到有序排列的图案形状；

将相应的图层选定，合并图层；

**4 贴入图片**

打开一幅图片，复制、粘贴至剪贴板；

用魔棒选定一个六边形；

执行“编辑→选择性粘贴→贴入”菜单命令；

重复上述操作六次完成图案拼贴；

按住 Ctrl 键再单击图层，将拼贴的图案选定；

执行“编辑→描边”菜单命令，完成制作，效果如右图所示。

## 三、任务拓展

在图片工厂软件中使用自由场景拼图、场景拼图或模板拼图操作，可快速制作图片的拼贴效果，如图 3-5 所示。

图 3-5　在图片工厂中拼图

具体操作步骤如下：

| 步　　骤 | 说明或截图 |
| --- | --- |
| 1　打开图片工厂软件，单击版面设计按钮，打开版面设计对话框。 | 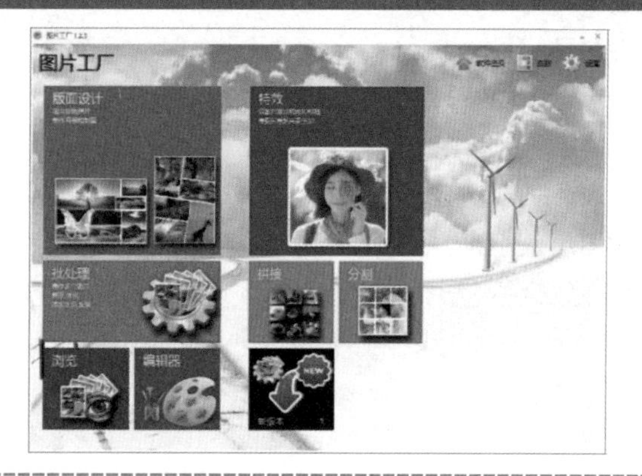 |
| 2　选择一个模板拼图的样式。 | 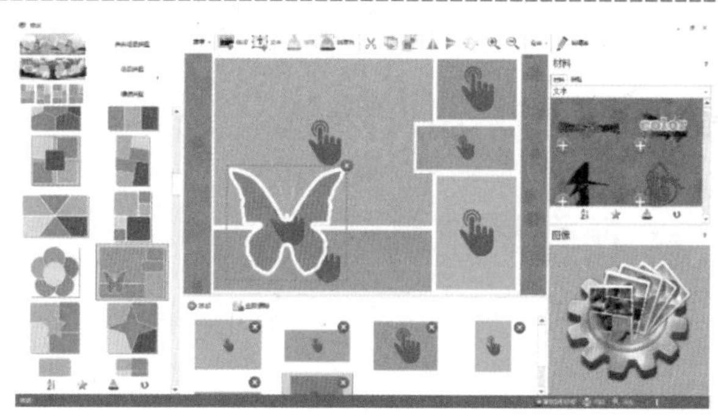 |

3 逐个双击拼图子区域；

添加图片并可调整图片位置；

单击“保存”或“另存为”按钮，完成制作，效果如右图所示。

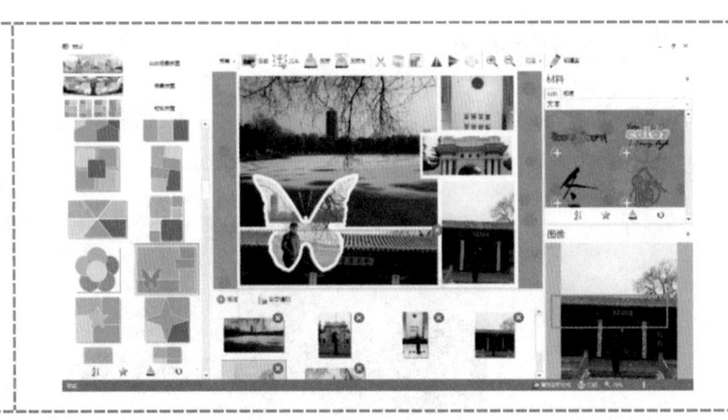

## 学习任务单

| 一、学习方法建议 | |
|---|---|
| 观看微课→预操作练习→听课（老师讲解、示范、拓展）→再操作练习→完成学习任务单 | |
| 二、学习任务 | |
| 1. 建立形状图层 | □ |
| 2. 自由变换 | □ |
| 3. 边变换边复制 | □ |
| 4. 合并图层 | □ |
| 5. 逐个选定、贴入图片 | □ |
| 6. 安装并启动图片工厂 | □ |
| 7. 版面设计→场景拼图 | □ |
| 8. 添加图片、另存为 | □ |
| 三、困惑与建议 | |
| | |

# 任务五　输入标题及说明文字

## 一、任务导入

通过标题及说明文字的输入、设定，最终完成海报的图文混排。

## 二、任务实施

| 步　　骤 | 说明或截图 |
| --- | --- |
| **1 打开海报底图**<br>在 Photoshop 中打开海报源文件。 | <br> |
| **2 说明文字**<br>用橡皮擦擦掉原先不清楚的说明文字；<br>使用横排文字工具输入白色的说明文字；<br>添加图层样式：投影，具体参数的设置如右图所示。 | 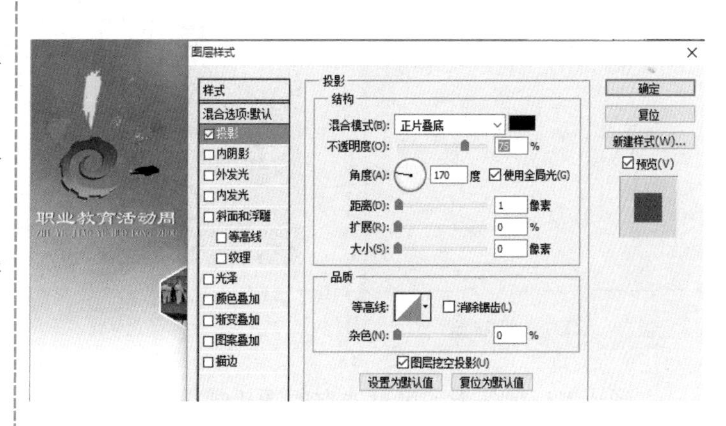<br> |

**3 标题文字**

使用直排文字工具输入文字；

添加图层样式：投影、描边，具体参数的设置如右图所示。

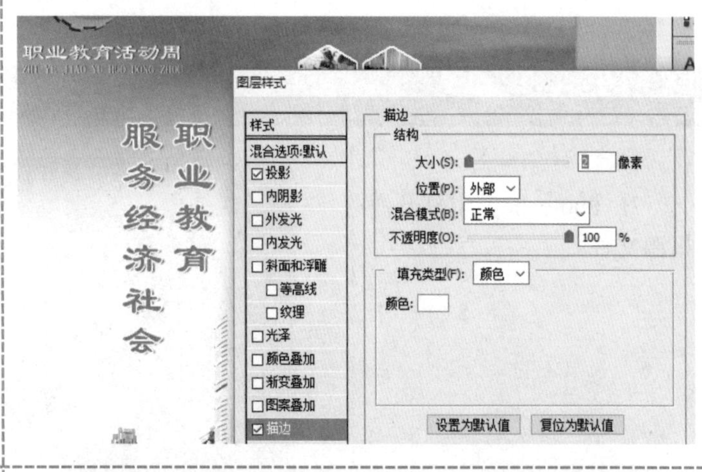


**4 最终效果**

最终海报的图文混排效果如右图所示。

## 三、任务拓展

在图片工厂软件中，可对选定的图片制作各种特效，如图 3-5 所示。

图 3-5 图片特效

具体操作步骤如下：

| 步 骤 | 说明或截图 |
| --- | --- |
| 1 打开图片工厂软件，单击“特效”按钮，打开图片特效设计对话框。 | 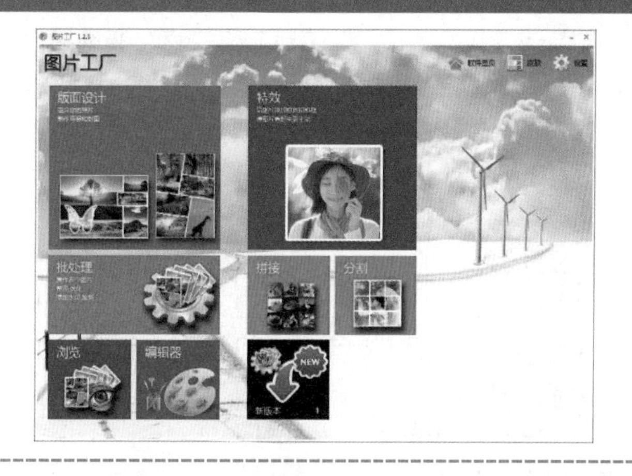 |
| 2 单击“打开”按钮，打开一幅图片。 |  |

3 单击“滤镜”按钮，打开相应的功能面板；

再单击“铅笔素描”按钮，打开相应的对话框；

设定好相应的参数，得到位图的线条稿，如右图所示。

## 学习任务单

### 一、学习方法建议

观看微课→预操作练习→听课（老师讲解、示范、拓展）→再操作练习→完成学习任务单

### 二、学习任务

1. 建立形状图层 □
2. 自由变换 □
3. 边变换边复制 □
4. 合并图层 □
5. 逐个选定、贴入图片 □
6. 安装并启动图片工厂 □
7. 特效→滤镜→铅笔素描 □
8. 添加图片、另存为 □

### 三、困惑与建议

# 项目四

# 书籍装帧

在本项目中，我们通过图书封面的设计与制作，来了解 Photoshop 在书籍装帧方面的相关技术。

## 学习目标

1. 图书版面布局；
2. 封面设计；
3. 书脊设计；
4. 封底设计；
5. 图书立体包装。

## 任务一　版面布局

### 一、任务导入

图书的封面设计、装帧等，大都是在 Photoshop 中完成的，如图 4-1 所示。

图 4-1　图书设计

## 二、任务实施

| 步　骤 | 说明或截图 |
| --- | --- |
| **1 新建**<br>启动 Photoshop，单击“文件→新建”菜单命令，打开相应的对话框，设置如下：<br>• 宽度：107 毫米<br>• 高度：70 毫米<br>• 分辨率：300 像素/英寸 | 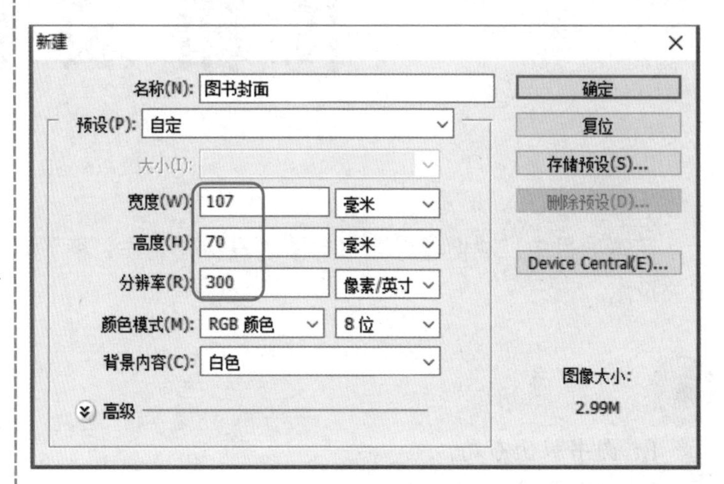 |
| **2 绘制书脊**<br>新建一图层，绘制一个 2.5 毫米宽、70 毫米高的矩形，填充前景色；<br>按快捷键 Ctrl+A 将其全选，单击移动工具，在选项栏上单击“水平居中对齐”按钮，从而将封面一分为二，如右图所示。 |  |



## 三、任务拓展

用鼠标双击水平或垂直标尺，可打开“首选项”对话框，我们可更改标尺的单位为像素、厘米或毫米等，如图 4-1 所示。

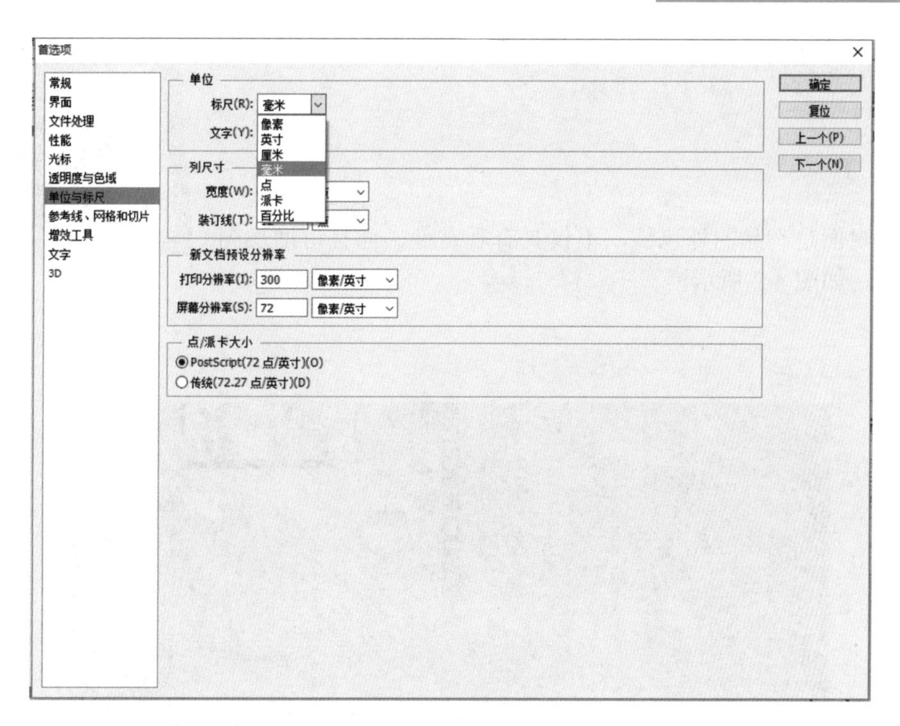


图 4-1　Photoshop 首选项

## 学习任务单

| 一、学习方法建议 | |
|---|---|
| 观看微课→预操作练习→听课（老师讲解、示范、拓展）→再操作练习→完成学习任务单 | |
| 二、学习任务 | |
| 1．测量图书封面的尺寸 | □ |
| 2．为节约系统资源，在设计时可将其尺寸缩小 4 倍 | □ |
| 3．在“新建”对话框中输入相应的值 | □ |
| 4．调出标尺、更改度量单位 | □ |
| 5．新建一图层，绘制一个固定大小尺寸的矩形并填充颜色 | □ |
| 6．将矩形水平居中对齐 | □ |
| 三、困惑与建议 | |
| | |

## 任务二　设计封面

### 一、任务导入

图书封面是产品的外包装，不仅具有观赏性，而且可增加图书的销量，如图 4-2 所示。

图 4-2　本书封面

### 二、任务实施

| 步　　骤 | 说明或截图 |
| --- | --- |
| **1　打开源文件**<br>启动 Photoshop，打开在任务一中所创建的 PS 源文件；<br>在背景图层之上新建一图层，填充颜色（RGB：138、119、53）。 | |

2 添加杂色

单击“滤镜→杂色→添加杂色”菜单命令，增加质感，设定：

- 数量：3；
- 单色：选中

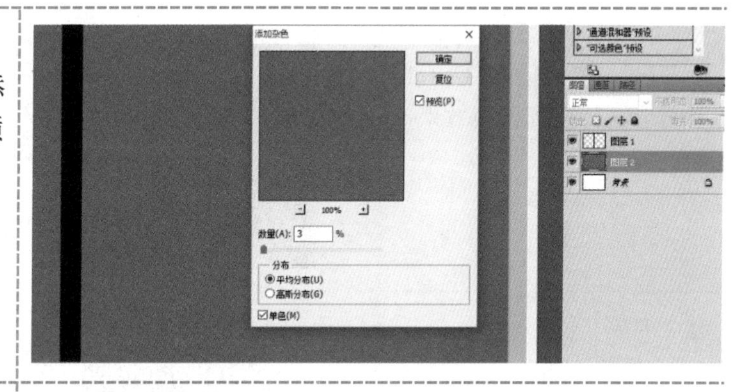

3 光照

单击“滤镜→渲染→光照”菜单命令，设定为全光源，如右图所示。

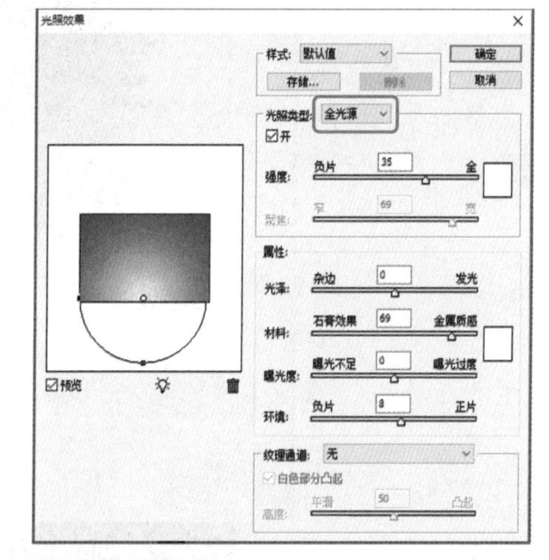


4 撕边

新建一图层，使用套索工具绘制一个不规则选区，填充颜色；

按 Q 键转快速蒙版；

单击“滤镜→画笔描边→喷溅”菜单命令，具体参数的设定如右图所示；

再按 Q 键退出快速蒙版编辑模式；

按组合键 Ctrl+Shift+I，执行反选；

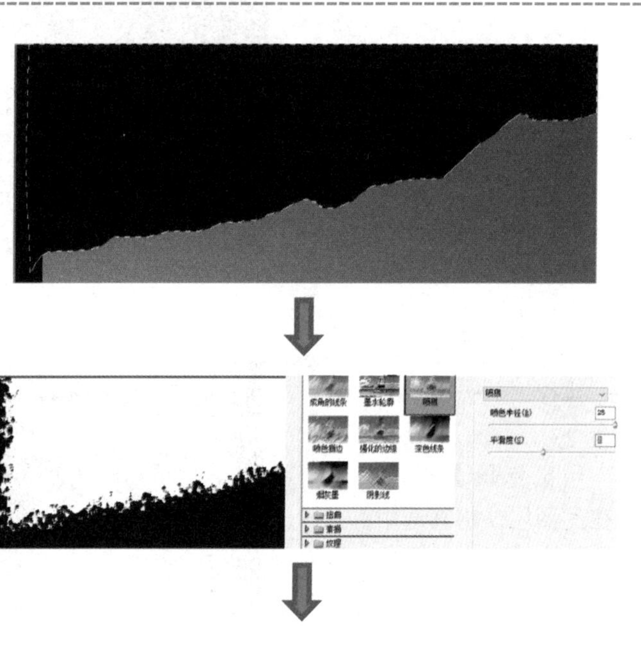

按 Del 键，删除边缘多余部分；按快捷键 Ctrl+D 取消选区，得到撕边效果，如右图所示。

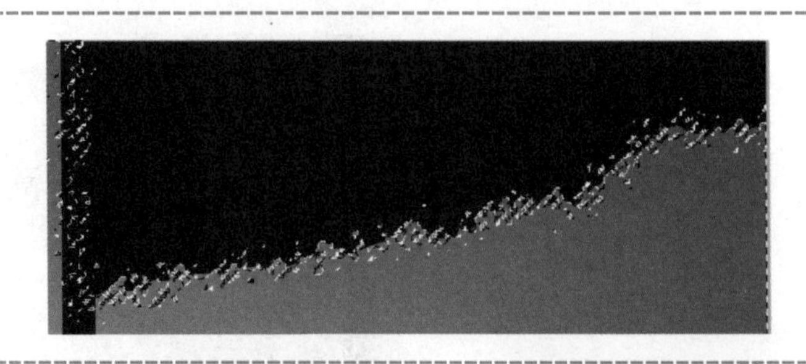

5 大风

将图像顺时针旋转 90°；

单击“滤镜→风格化→风→大风”菜单命令，可使撕边的效果更加粗糙；

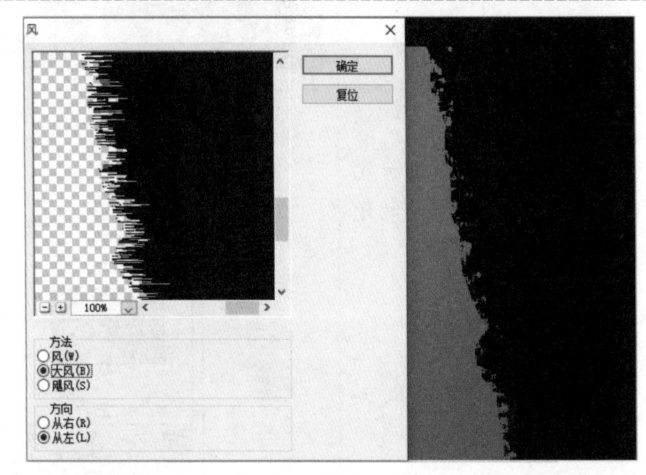


再将图像逆时针旋转 90°，效果如右图所示。

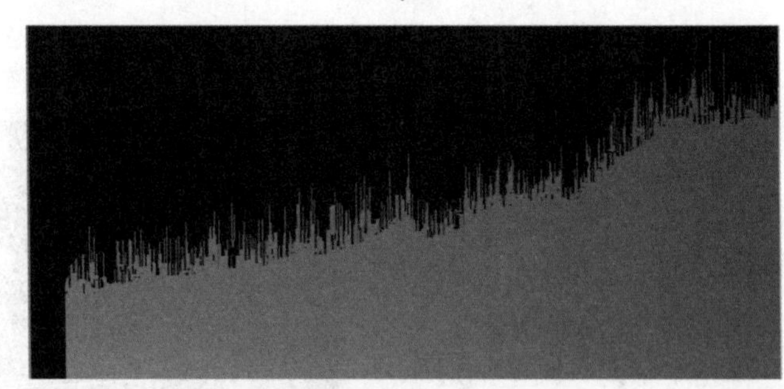

6 贴入

打开一幅图片；

执行“全选→复制”菜单命令；

用鼠标单击撕边对象所在的图层，将其选中；

单击“编辑→选择性粘贴→贴入”菜单命令；

添加图层样式→投影，如右图所示。

**7 添加文字**

使用横排文字工具，输入文字，完成封面制作，效果如右图所示。

## 三、任务拓展

用 Photoshop 绘制“用微课学”系列丛书 LOGO，如图 4-3 所示。

图 4-3 从书 LOGO

操作步骤如下：

| 步 骤 | 说明或截图 |
| --- | --- |

**1** 新建图层，绘制一个正圆选区；
单击渐变工具，在渐变编辑器上做如下设定，然后进行径向渐变。

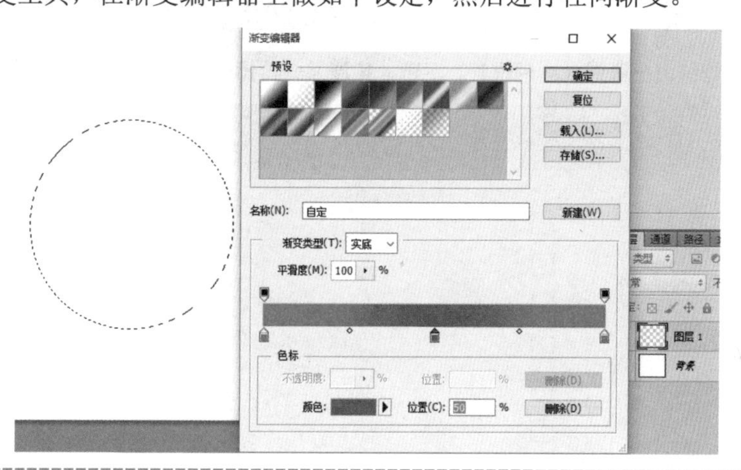

| | |
|---|---|
| 2 新建图层，绘制一个矩形选区，填充白色；<br>在其上绘制若干个小矩形，将其镂空，效果如右图所示。 | 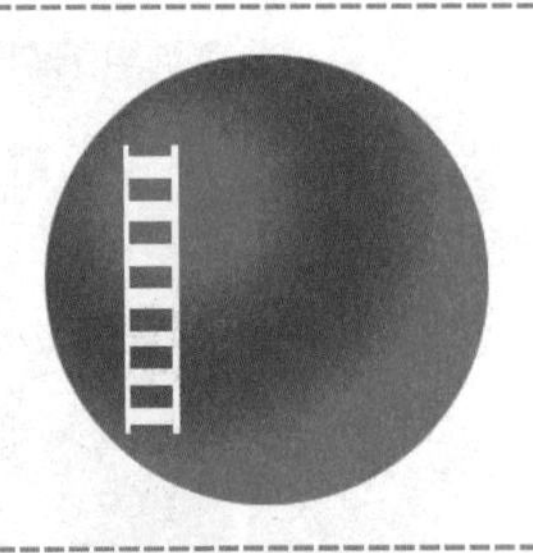 |
| 3 选择移动工具，按住快捷键 Alt+Shift，边移动边复制一个；<br>再绘制两个矩形，填充白色，效果如右图所示。 |  |
| 4 添加图层样式→投影，完成最终效果制作，效果如右图所示。 | 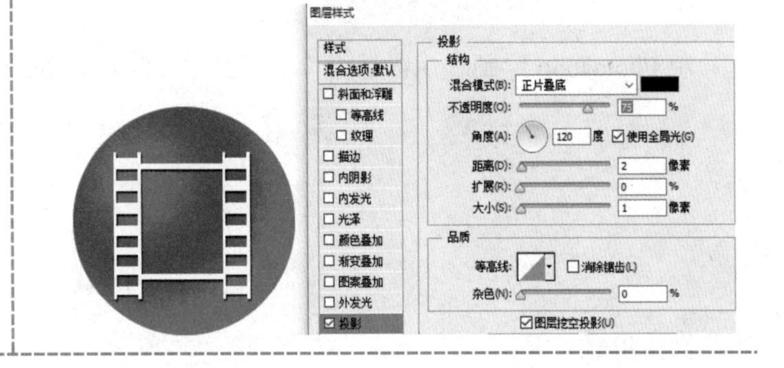 |

## 学习任务单

| 一、学习方法建议 |
|---|
| 观看微课→预操作练习→听课（老师讲解、示范、拓展）→再操作练习→完成学习任务单 |

**二、学习任务**

一组滤镜的使用：

1. 杂色 ☐
2. 光照 ☐
3. 喷溅 ☐
4. 大风 ☐
5. 做撕边效果 ☐
6. 贴入 ☐
7. 添加图层样式→投影 ☐

| 三、困惑与建议 |
| --- |
| |

# 任务三　设计书脊

## 一、任务导入

此处我们将采用直排文字工具来制作书脊。

## 二、任务实施

具体操作步骤如下。

| 步　骤 | 说明或截图 |
| --- | --- |
| 1 添加 Logo<br>选定任务二中所绘制的 Logo，将其复制、粘贴至封面和书脊，并做适当缩放，效果如右图所示。 |  |
| 2 输入文字<br>使用直排文字工具，输入文本；<br>将文本与书脊矩形做水平居中对齐，完成书脊制作，效果如右图所示。 |  |

## 三、任务拓展

使用文字蒙版工具可制作空心字、浮雕字等特效，具体操作步骤如下：

<table>
<tr><th>步　　骤</th><th>说明或截图</th></tr>
<tr><td>1 在 Photoshop 中新建一个“灰度”颜色模式的图像。</td><td>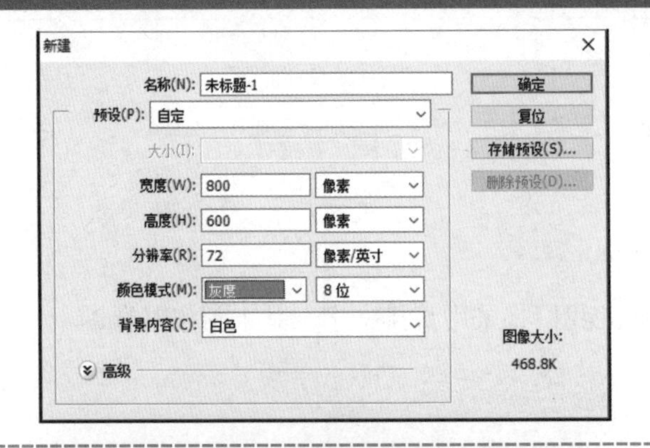
</td></tr>
<tr><td>2 将背景填充黑色，再使用“横排文字蒙版工具”输入文字，填充白色，取消选区，效果如右图所示。</td><td>
</td></tr>
<tr><td>3 单击“图像→图像旋转→90°（顺时针）”菜单命令，如右图所示。</td><td></td></tr>
</table>

4 单击“滤镜→风格化→风”菜单命令，效果如右图所示。

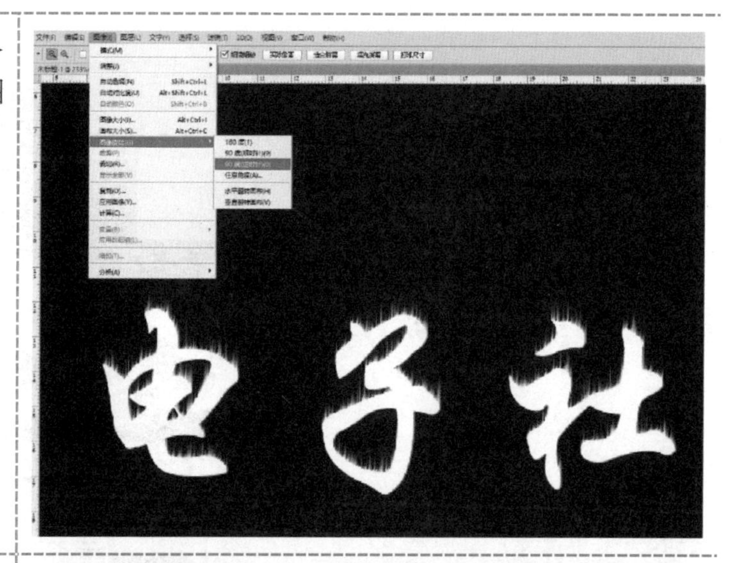

5 单击“图像→图像旋转→90°（逆时针）”菜单命令，如右图所示。

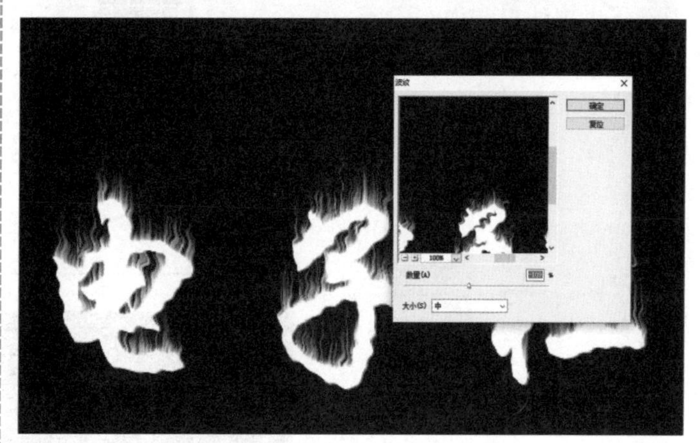

6 单击“滤镜→扭曲→波纹”菜单命令，调整“数量”参数值，如右图所示。

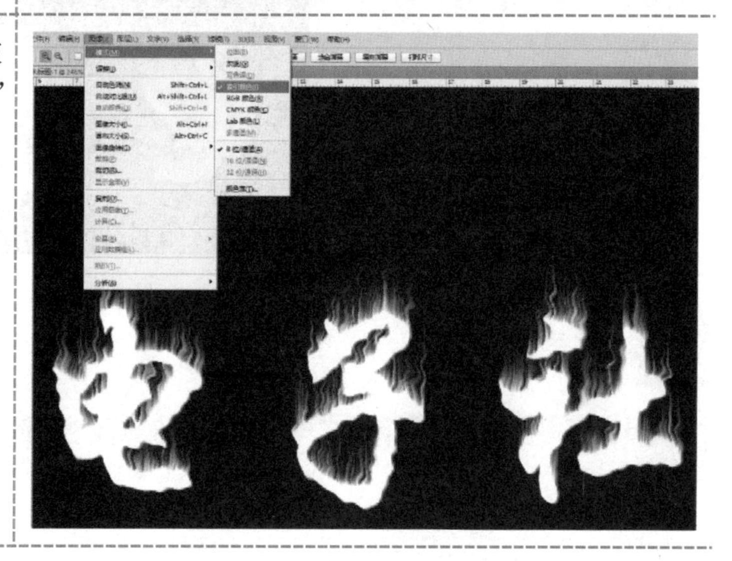

7　单击“图像→模式→索引颜色”菜单命令，如右图所示。

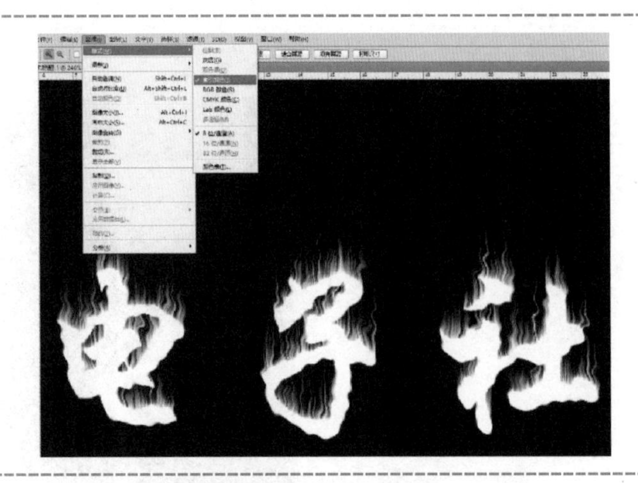


8　单击“图像→模式→颜色表”菜单命令，在颜色表中选择“黑体”，如右图所示。

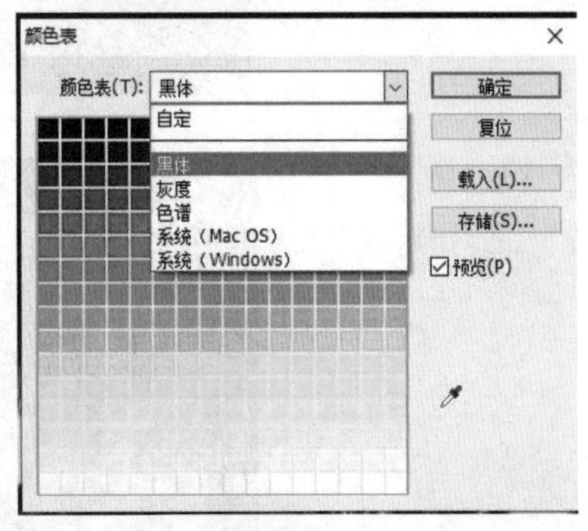


9　最终效果如右图所示。

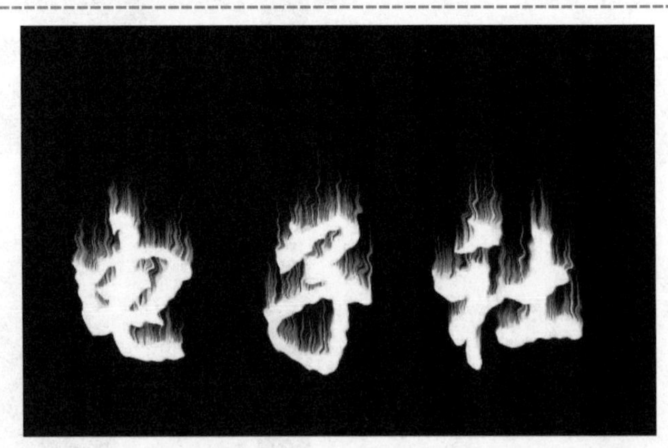

## 学习任务单

### 一、学习方法建议

观看微课→预操作练习→听课（老师讲解、示范、拓展）→再操作练习→完成学习任务单

| 二、学习任务 | |
|---|---|
| 1. 直排文字工具 | □ |
| 2. 文字与选区对齐操作 | □ |
| 3. 新建“灰度”图像 | □ |
| 4. “风”滤镜使用 | □ |
| 5. “波纹”滤镜使用 | □ |
| 6. “索引颜色”模式 | □ |
| 7. “颜色表”设置 | □ |
| **三、困惑与建议** | |
| | |

# 任务四　设计封底

微课资源

## 一、任务导入

此处我们将采用横排文字工具添加图层样式等，来制作封底的效果。

## 二、任务实施

| 步　　骤 | 说明或截图 |
|---|---|
| **1 打开源文件**<br>启动 Photoshop，打开在任务一～任务三中所创建的 PS 源文件。 |  |

**2 输入文字**

使用横排文字工具，输入文本；

添加图层样式→投影（黑字、白阴影）；

在当前文本图层之下新建一图层，做白色矩形的渐变效果，并做红点标识，以突现当前书名。

**3 插入条形码**

条形码可通过 CorelDRAW 等软件来设计，然后将其置入当前；

输入定价等信息后完成图书封底的设计，效果如右图所示。

## 三、任务拓展

使用条形码制作软件或 CorelDRAW 均可快速制作条形码，并可复制、粘贴至 Photoshop 中，具体操作如下：

| 步　　骤 | 说明或截图 |
| --- | --- |
| **1** 启动条形码制作软件，选择条码类型、输入条码数据；<br>单击“输出矢量到剪贴板”按钮。 |  |

2　执行“复制→粘贴”命令，即可将制作好的条形码粘贴至当前。

## 学习任务单

| 一、学习方法建议 | |
|---|---|
| 观看微课→预操作练习→听课（老师讲解、示范、拓展）→再操作练习→完成学习任务单 | |
| **二、学习任务** | |
| 1. 横排文字工具 | □ |
| 2. 设置黑字白底阴影 | □ |
| 3. 制作白色、透明度渐变的矩形 | □ |
| 4. 启动条形码制作软件 | □ |
| 5. 将制作好的条形码复制、粘贴至当前 | □ |
| **三、困惑与建议** | |
| | |

# 任务五　图书立体包装

## 一、任务导入

此处我们将对已制作好的封面图片，来打造立体包装的效果图。

## 二、任务实施

| 步　骤 | 说明或截图 |
| --- | --- |
| **1 合并图层**<br>在 Photoshop 中打开任务四所设计好的源文件；<br>选定除背景层之外的其他图层，单击“图层→合并图层”（Ctrl+E）菜单命令： | <br> |
| **2 分层**<br>分别选定封面、书脊，按组合键 Shift+Ctrl+J，通过剪切新建图层，从而使封面、书脊、封底分别置于三个图层，如右图所示。 | <br> |
| **3 自由变换**<br>复制书脊所在的图层，分别选中封底、书脊所在的图层；<br>按组合键 Ctrl+T，再按住 Ctrl 键，对封底、书脊做任意形状的自由变换，如右图所示。 |  |

| | |
|---|---|
| 4 继续自由变换<br>在封底的下方新建一层，绘制一矩形，填充浅灰色；<br>按组合键 Ctrl+T，再按住 Ctrl 键，对其做任意形状的自由变换；<br>合并三个图层，得到封底的立体包装效果，如右图所示。 |  |
| 5 封面的立体包装<br>继续按组合键 Ctrl+T，再按住 Ctrl 键，对封面、书脊做任意形状的自由变换；<br>合并两个图层，得到封面的立体包装效果，如右图所示。 |  |

## 三、任务拓展

抽线条图是 Photoshop 中的一种特效制作，具体操作如下：

| 步　　骤 | 说明或截图 |
|---|---|
| 1 在 Photoshop 中打开一幅图片。 |  |

| | |
|---|---|
| 2 新建一个 1×2 像素的图片文件；<br>绘制一个 1×1 像素的矩形并填充黑色；<br>全选，执行“编辑→定义图案”菜单命令。 | 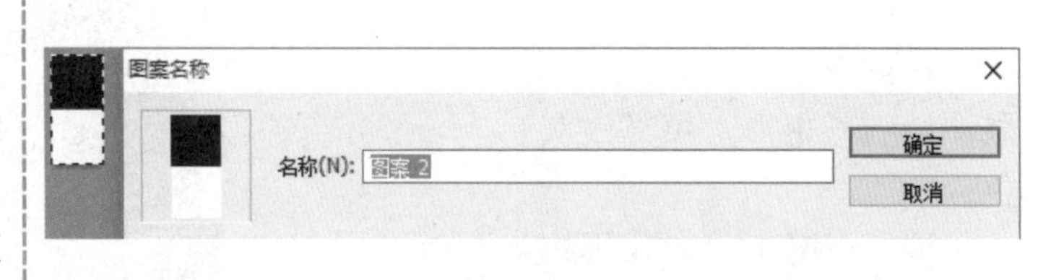<br> |
| 3 返回图片所在的文件，新建一层，选择油漆桶工具，用刚才自定义的图案填充图层，如右图所示。 |  |
| 4 设置图层混合模式为“叠加”，如右图所示。 | 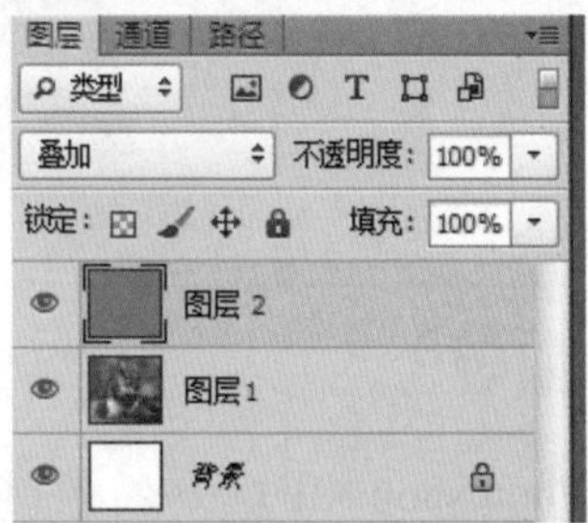<br> |
| 5 最终得到的抽线条效果如右图所示。 |  |

## 学习任务单

| 一、学习方法建议 | |
|---|---|
| 观看微课→预操作练习→听课（老师讲解、示范、拓展）→再操作练习→完成学习任务单 | |
| **二、学习任务** | |
| 1．Shift+Ctrl+J 快捷键的使用 | □ |
| 2．Ctrl+T，再按住 Ctrl 键做变换 | □ |
| 3．对平面图做书状的立体包装 | □ |
| 4．定义图案 | □ |
| 5．做抽线条图 | □ |
| **三、困惑与建议** | |
| | |

# 项目五

# VI 设计

在本项目中，我们通过 VI（Visual Identity，即视觉识别系统）设计，来了解 Photoshop 在视觉设计方面的相关技术。

## 学习目标

1. 增效工具的安装及使用；
2. Logo 制作；
3. 信封等物品制作；
4. 手提袋制作；
5. 宣传画册制作。

## 任务一　增效工具

### 一、任务导入

使用 Photoshop 增效工具（又称为第三方插件）所制作的效果随处可见、比比皆是，如图 5-1 所示。

图 5-1　Photoshop 广告设计

## 二、任务实施

| 步骤 | 说明或截图 |
| --- | --- |

### 1 搜索资源

先在网上搜索并下载一个能安装在 Photoshop 上的粗糙毛笔和喷溅笔刷的文件，其扩展名为.abr。

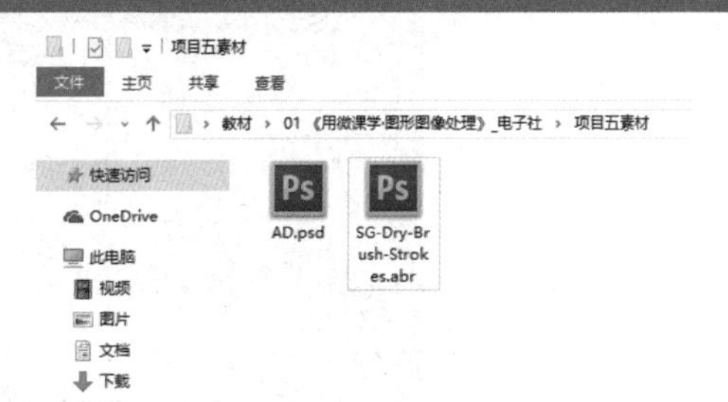


### 2 安装

将扩展名为.abr 复制、粘贴至 Photoshop 的 Presets\Brushes 文件夹中，完成外挂笔触的安装。

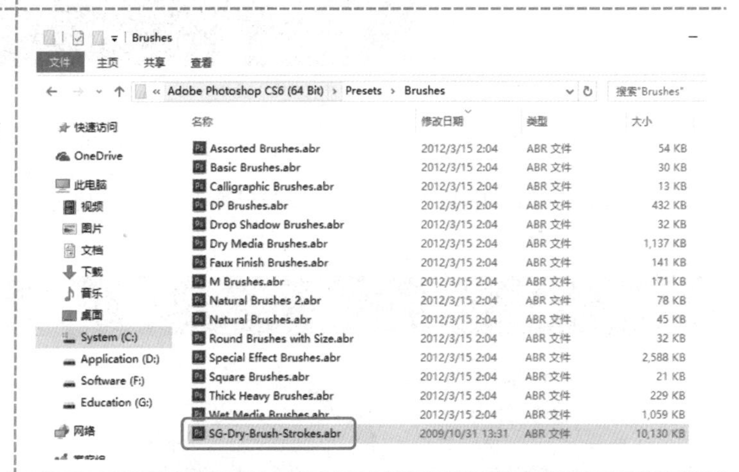


### 3 追加

在 Photoshop 中新建一个文件并新建一图层；

单击“画笔”工具，在其“选项”面板的设置中单击外挂笔触文件，再单击“追加”按钮。

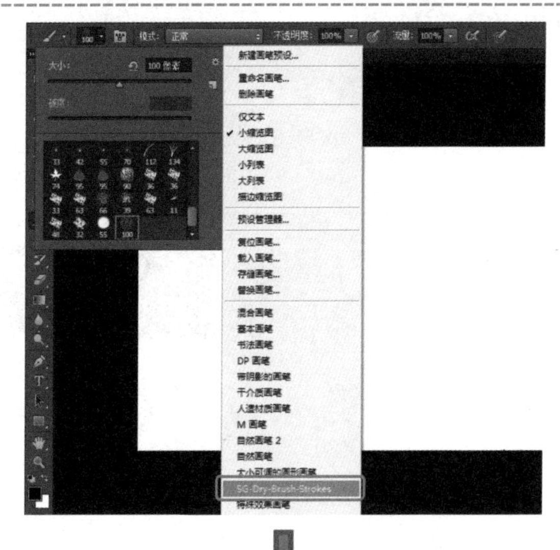


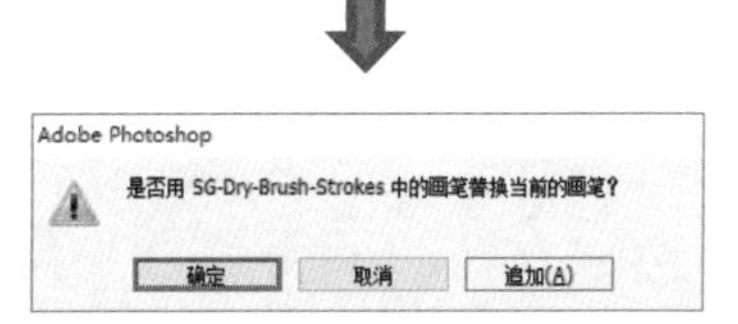

| | |
|---|---|
| 4 绘制<br>选择一个粗糙毛笔笔触，再设定其大小及前景色后，即可进行绘制。 | 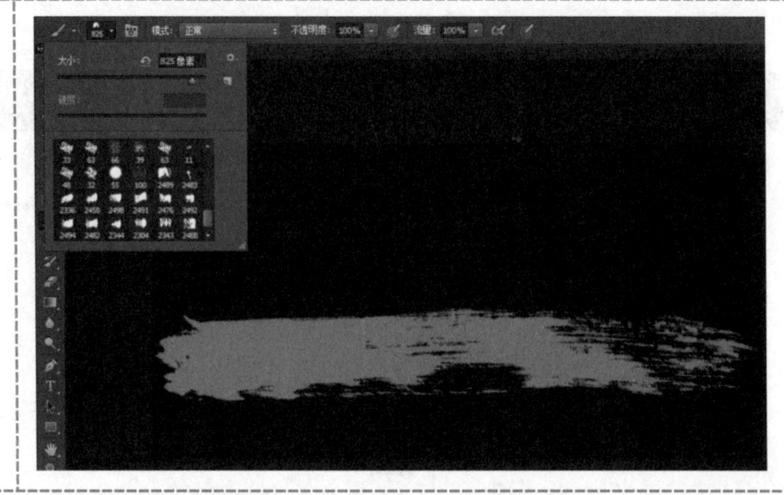 |

## 三、任务拓展

使用 Photoshop 的边变换、边复制功能，可以轻易做出一些规范的 Logo，具体操作步骤如下。

| 步 骤 | 说明或截图 |
|---|---|
| 1 在 Photoshop 中新建一个图像文件并新建一图层；<br>使用钢笔工具，绘制一个三角形形状。 |  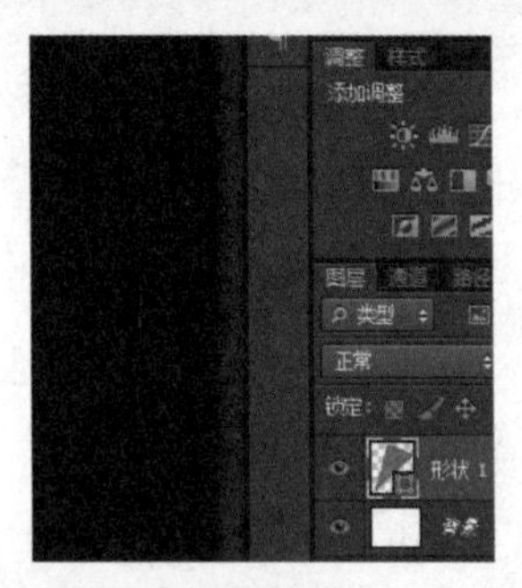 |
| 2 按快捷键 Ctrl+T 自由变换，移出中心点至下方；<br>再设定旋转的角度为 45°。 |  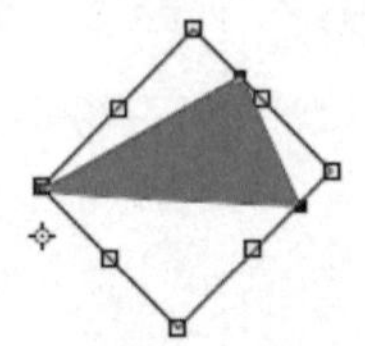 |

3 按住组合键Ctrl+Alt+Shift+T，进行边变换、边复制操作。

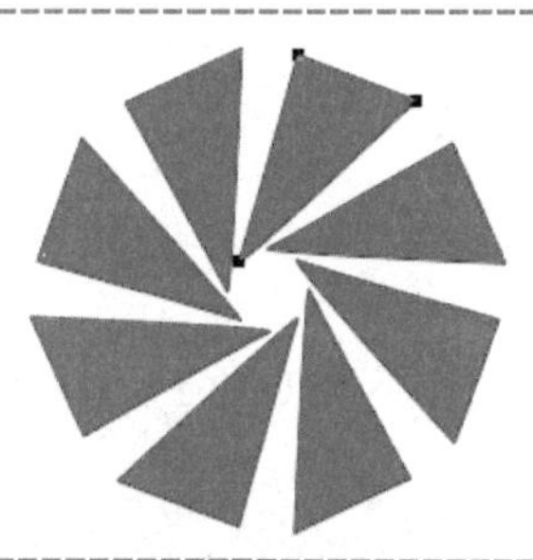

4 在图层面板的该图层上右击，选择“栅格化图层”命令，可将形状图层转换成普通图层。

用魔棒工具逐个选定，可填充不同的颜色。

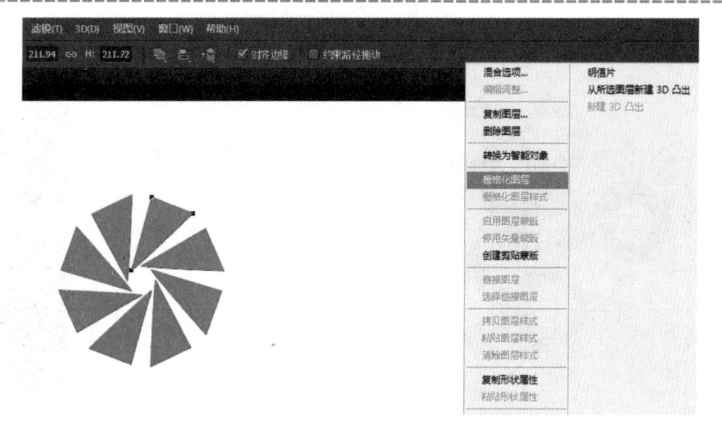

## 学习任务单

| 一、学习方法建议 | |
|---|---|
| 观看微课→预操作练习→听课（老师讲解、示范、拓展）→再操作练习→完成学习任务单 | |
| **二、学习任务** | |
| 1. 下载并安装新的笔触 | □ |
| 2. 调用新笔触 | □ |
| 3. 绘制对象 | □ |
| 4. 绘制并选定对象 | □ |
| 5. 自由变换 | □ |
| 6. 边变换边复制 | □ |
| 7. 栅格化图层 | □ |
| **三、困惑与建议** | |
| | |

# 任务二　制作 Logo

## 一、任务导入

使用 Photoshop 可制作各类专业 Logo，如图 5-2 所示。

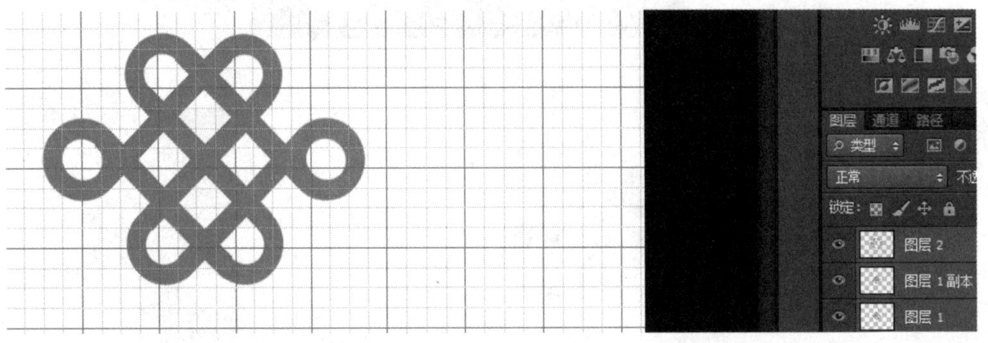


图 5-2　联通 Logo

## 二、任务实施

| 步　　骤 | 说明或截图 |
|---|---|
| **1 显示网格**<br>在 Photoshop 上新建一个图像文件再新建一图层；<br>按快捷键 Ctrl+'显示网格。 | |
| **2 绘制矩形**<br>依网格绘制三个矩形，填充红色。 | |

3 旋转变换

复制一图层，将此层做90°旋转；

按快捷键 Ctrl+E，合并图层。

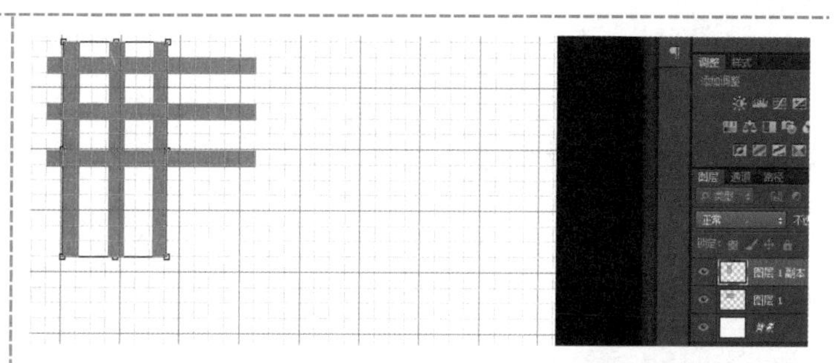

4 主框架

使用矩形选框工具，删除多余的部分。

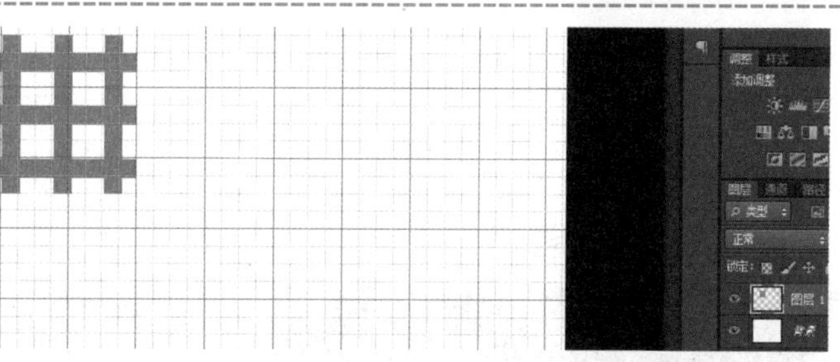

5 环形选区

用大圆减小圆的方法，得到一个环形选区；

再用矩形选框工具减去1/2圆，将其内容填充红色。

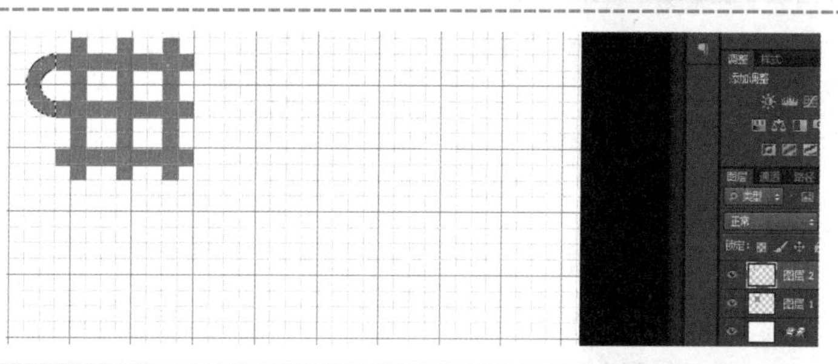

6 复制三个半圆

复制一个半圆选区，将其旋转 90°再移到指定的位置。

再复制另外两个半圆，将其旋转，再移动到指定位置。

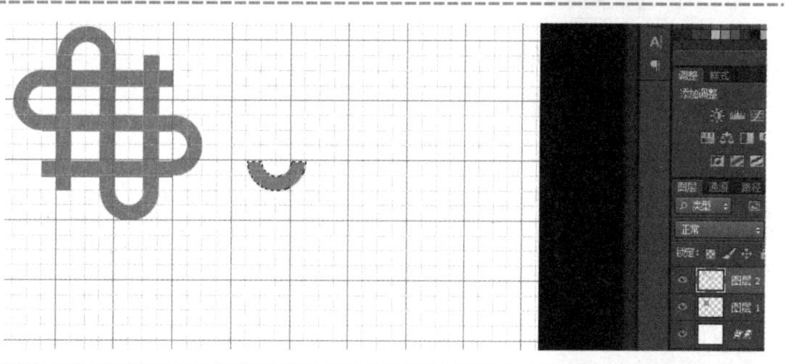

7 绘制正圆

复制一个半圆，将其垂直翻转再移到指定的位置，得到一个正圆，将其移动至指定的位置。

再复制一个正圆，也将其移动到指定位置。

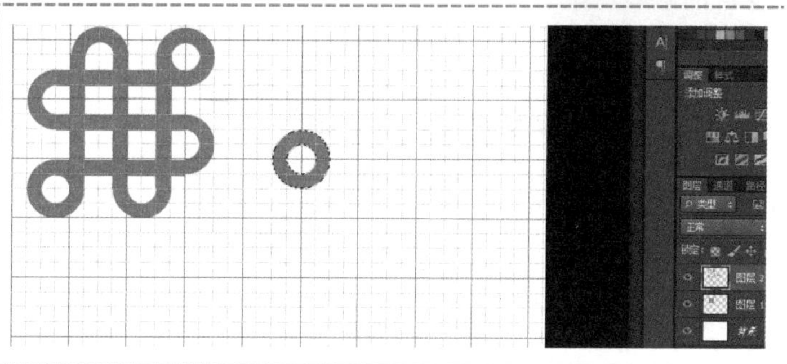

| | |
|---|---|
| 8 90°旋转<br>合并图层，再做 90°旋转，稍加修饰后，完成制作，效果如右图所示。 |  |

## 三、任务拓展

使用 Photoshop 制作苏宁易购徽标的具体操作步骤如下：

| 步　　骤 | 说明或截图 |
|---|---|
| 1 在 Photoshop 中绘制一个圆角矩形形状。 |  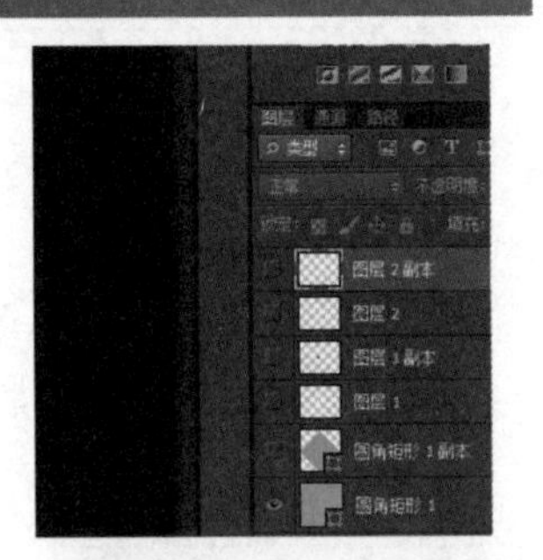 |
| 2 复制一个圆角矩形，将其旋转 45°；<br>同时将两层选中，做水平、垂直居中对齐。 |  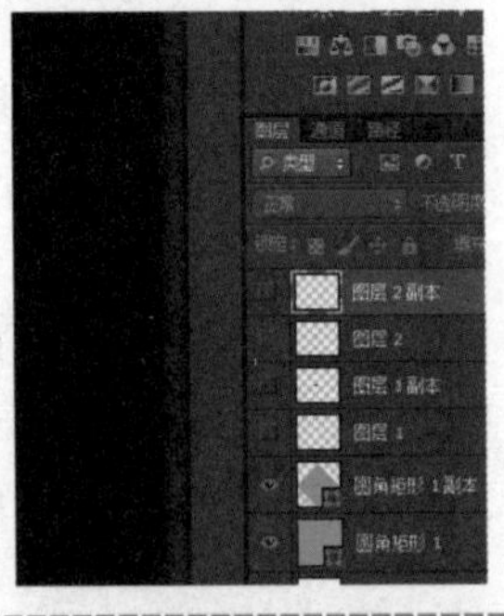 |
| 3 设定前景色为白色，绘制形状，再做水平居中对齐。 |   |

| | | |
|---|---|---|
| 4 设定前景色为黑色，绘制形状，再做水平居中对齐。 | 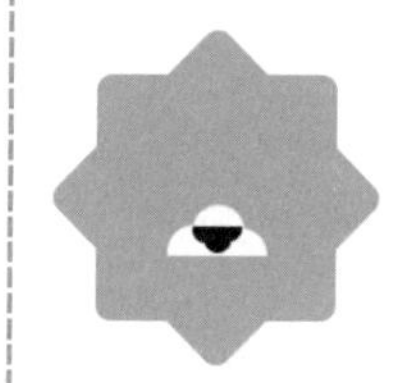 | 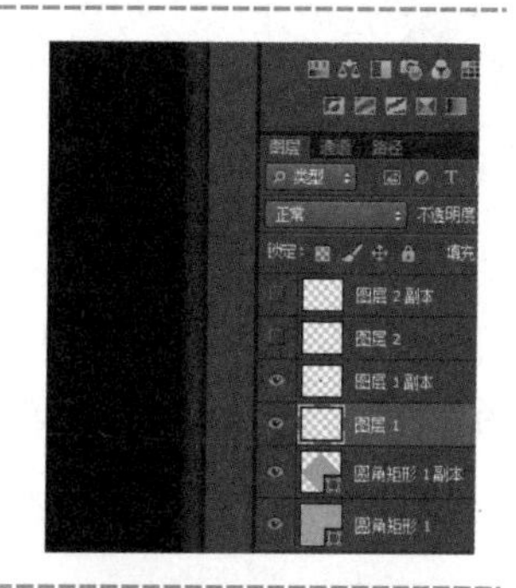 |
| 5 绘制两个正圆选区，填充黑色，再做水平居中对齐，完成制作，效果如右图所示。 |  | 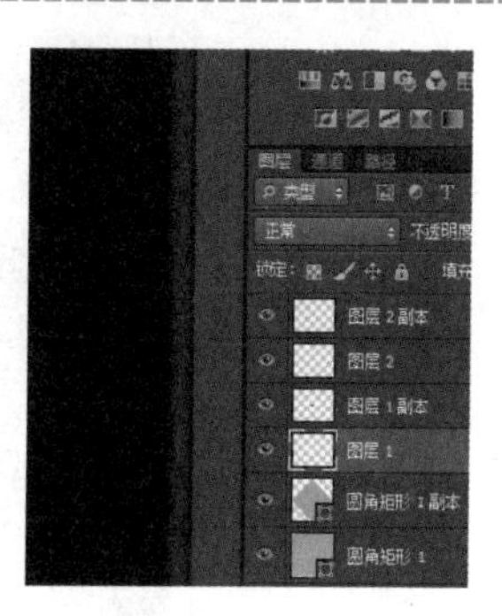 |

## 学习任务单

| 一、学习方法建议 | |
|---|---|
| 观看微课→预操作练习→听课（老师讲解、示范、拓展）→再操作练习→完成学习任务单 | |
| **二、学习任务** | |
| 1．显示/隐藏网格 | □ |
| 2．显示/隐藏标尺 | □ |
| 3．绘制联通 Logo | □ |
| 4．绘制苏宁易购 Logo | □ |
| **三、困惑与建议** | |
| | |

# 任务三　制作信封

## 一、任务导入

VI 设计的主要应用系统包括：办公用品、企业外部建筑环境、企业内部建筑环境、交通工具、服装服饰、广告媒体、产品包装、公务礼品、印刷品等，如图 5-3 所示。

图 5-3　VI 应用系统

## 二、任务实施

| 步　　骤 | 说明或截图 |
| --- | --- |
| **1 设置背景**<br>在 Photoshop 上新建一个图像文件；<br>在背景层上做黑白线性渐变。 | |

2 绘制矩形

绘制矩形选区，填充白色；

设置图层样式→投影。

3 绘制圆角矩形

单击圆角矩形工具，选项栏设置为：像素。

设置好前景色，新建一图层，绘制一个圆角矩形；

按住 Ctrl 键再单击矩形所在的图层，载入矩形选区，按 Del 键，删除圆角矩形的下半部。

4 置入 Logo

单击“文件→置入”命令，置入已设计好的 Logo 徽标，并缩放至适当的尺寸。

5 绘制虚线

输入文字，绘制矩形边框；

编辑→描边：1 像素。

移动矩形选区至左边，单击“路径”面板下方的按钮：从选区生成工作路径。

切换至画笔面板，设定画笔：

- 大小：1 像素
- 硬度：100%
- 间距：410%

单击“路径”面板下方的按钮：用画笔描边路径，完成制作。

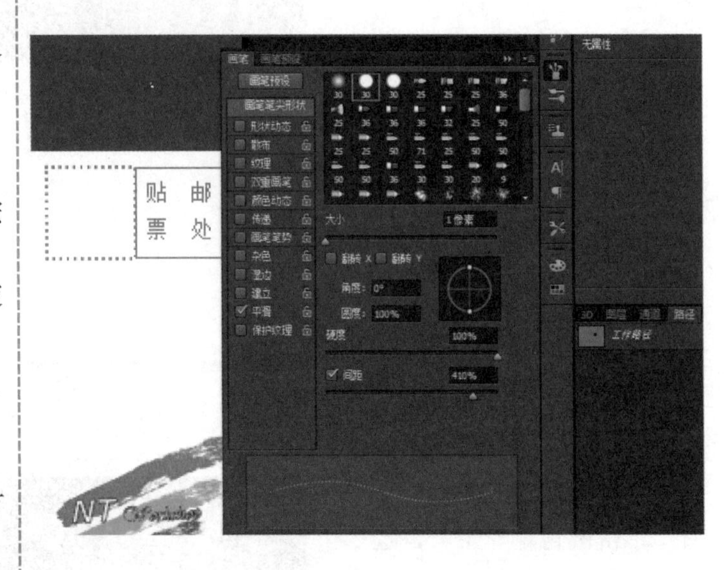

## 三、任务拓展

以下使用 Photoshop 的路径描边来制作一枚邮票，具体操作步骤如下：

| 步　骤 | 说明或截图 |
|---|---|
| 1 在 Photoshop 中打开一幅荷花图片并将其选中。 |  |
| 2 单击“编辑→描边”菜单命令，设定参数如右图所示。 |  |

| | |
|---|---|
| 3 单击"路径"面板下方的按钮：从选区生成工作路径；<br>单击"橡皮擦工具"，设定参数如右图所示。 | 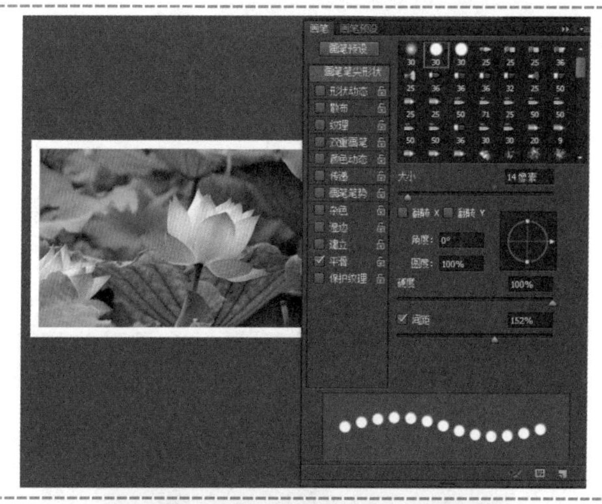 |
| 4 单击"路径"面板下方的按钮：用画笔描边路径；<br>输入文字；<br>添加图层样式→投影；<br>完成制作，效果如右图所示。 |  |

## 学习任务单

| 一、学习方法建议 | |
|---|---|
| 观看微课→预操作练习→听课（老师讲解、示范、拓展）→再操作练习→完成学习任务单 | |
| **二、学习任务** | |
| 1. 绘制信封 | □ |
| 2. 置入 Logo | □ |
| 3. 切换画笔面板 | □ |
| 4. 设置画笔，绘制虚线 | □ |
| 5. 设置橡皮擦/画笔，绘制邮票边框 | □ |
| **三、困惑与建议** | |
| | |

# 任务四 制作胸卡

## 一、任务导入

以下用 Photoshop 设计用于佩戴的胸卡，如图 5-4 所示。

图 5-4 VI 应用系统——胸卡

## 二、任务实施

| 步 骤 | 说明或截图 |
| --- | --- |
| **1 设置背景**<br>在 Photoshop 上新建一个图像文件；<br>在背景层上做黑白线性渐变，如右图所示。 |  |

2 绘制矩形

绘制矩形选区，用灰-白-灰做斜向的渐变填充；

在矩形的下部再做一个实色填充的矩形，如右图所示。

3 对齐对象

将绘制的矩形选中；

置入 Logo、输入文字，并与选区分别进行水平居中对齐。

4 制作护套

绘制矩形选区，编辑渐变：灰-白-灰，将白色的透明度设置为 0，做斜向的渐变填充；同时将该层的不透明度调整为 60%。

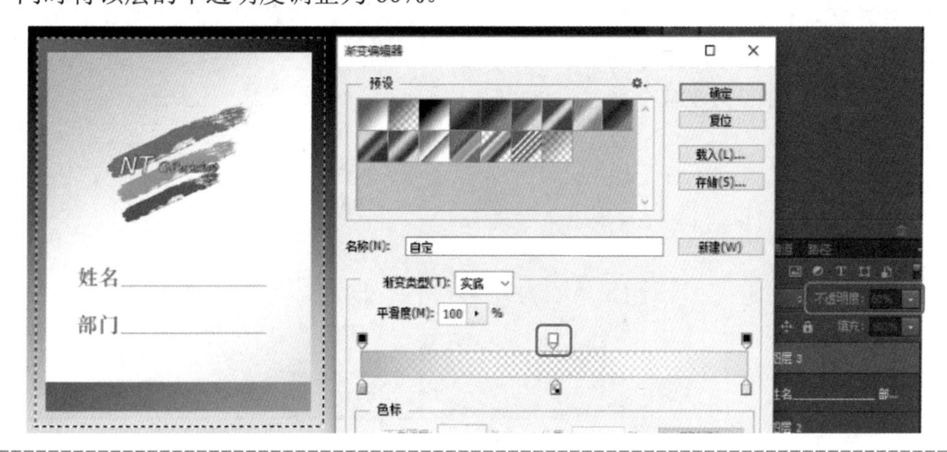

| | |
|---|---|
| 5 打孔、加阴影<br>在护套的上方绘制矩形选区，再按 Del 键，进行打孔；<br>添加图层样式→投影；<br>完成制作，效果如右图所示。 |  |

## 三、任务拓展

调整 Photoshop 的层不透明度，可制作画面的水泡效果，具体操作步骤如下：

| 步　骤 | 说明或截图 |
|---|---|
| 1 在 Photoshop 中打开一幅图片并新建一层。 |  |
| 2 绘制正圆选区；<br>单击渐变工具，设定渐变编辑器参数如右图所示：<br>颜色：白色-白色-白色；<br>不透明度：100%-0%-100%；<br>进行径向渐变。 | 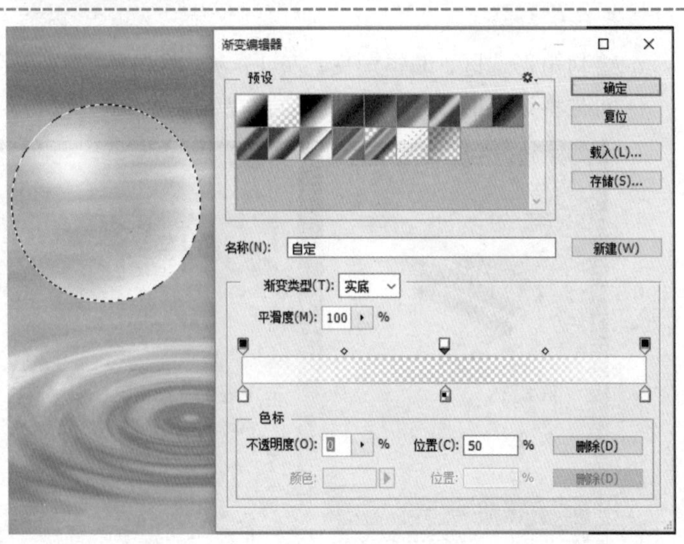 |

3 单击“编辑→描边”命令，具体参数如右图所示：

- 宽度：1像素
- 不透明度：30%

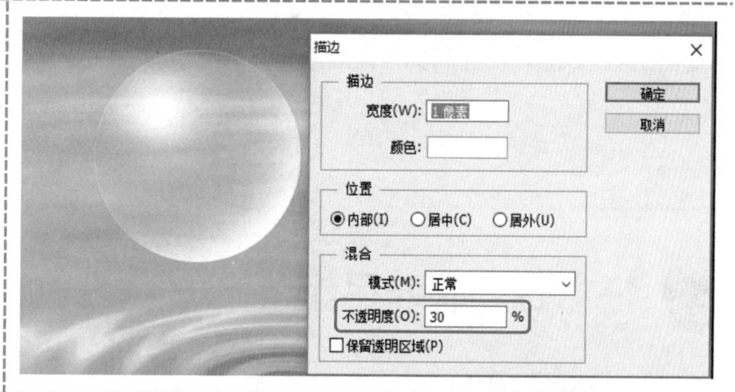


4 复制多个泡泡、调整大小、设置不同的层不透明度，完成制作，效果如右图所示。

## 学习任务单

| 一、学习方法建议 | |
| --- | --- |
| 观看微课→预操作练习→听课（老师讲解、示范、拓展）→再操作练习→完成学习任务单 | |
| 二、学习任务 | |
| 1．绘制胸卡 | □ |
| 2．将对象按选区进行水平居中对齐 | □ |
| 3．用渐变编辑器对透明度进行编辑 | □ |
| 4．编辑图层的不透明度 | □ |
| 5．设置橡皮擦/画笔，绘制邮票边框 | □ |
| 6．制作不同透明度的水泡 | □ |

三、困惑与建议

# 任务五 制作吊旗

## 一、任务导入

工作室里有以下吊旗，如图 5-5 所示。

图 5-5 VI 应用系统——吊旗

## 二、任务实施

| 步骤 | 说明或截图 |
| --- | --- |
| **1 设置背景**<br>在 Photoshop 上新建一个图像文件；<br>在背景层上做一黑白线性渐变，如右图所示。 |  |

**2 绘制选区**

绘制矩形选区，在下方再添加一个圆形选区。

注：在绘制选区时按住空格键，可移动选区。

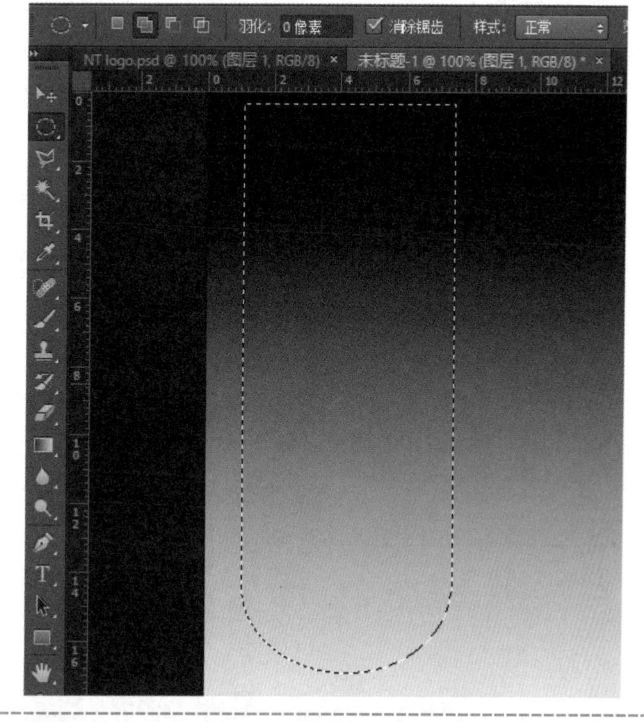


**3 填充颜色**

设定好前景色后，按住Alt+Del组合键，对选区填充颜色；

单击“移动工具”，再按住Alt键，可边移动边复制对象；

按Ctrl+T组合键对选定的对象进行自由变换。

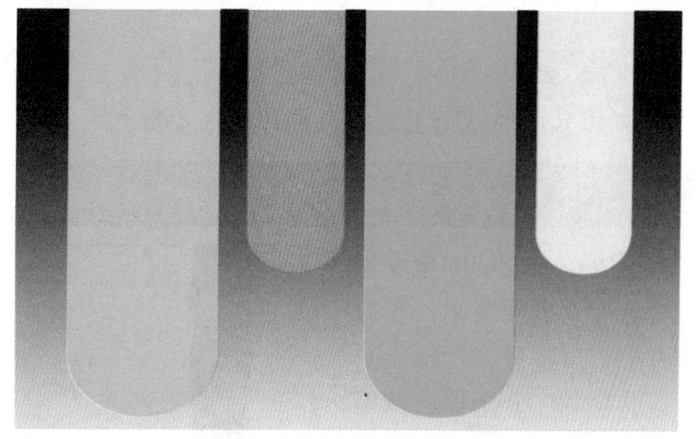

**4 添加Logo等**

添加Logo并适当缩放；

输入文字；

设定好前景色、背景色，用预设的画笔绘制草等；

添加图层样式→投影，完成制作，效果如右图所示。

## 三、任务拓展

制作一面好的吊旗，创意很重要，如图 5-6 所示。

图 5-6　VI 应用系统——旅游广告

现制作其中的枯笔画效果，具体操作步骤如下：

| 步　　骤 | 说明或截图 |
| --- | --- |
| 1　在 Photoshop 中用安装好的第三方插件画笔，设置好大小、角度后，绘制一个竖直的笔触，效果如右图所示。 | 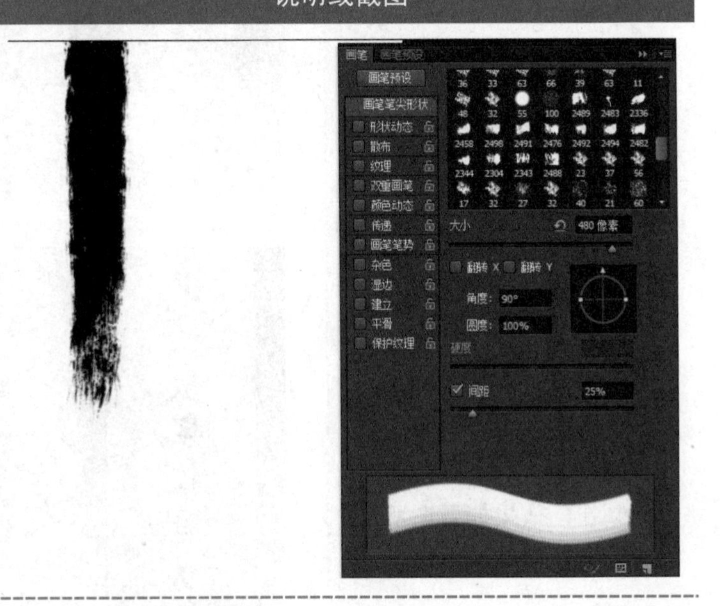 |

| | |
|---|---|
| 2 建立图层蒙版，做黑白垂直方向的线性渐变。 | 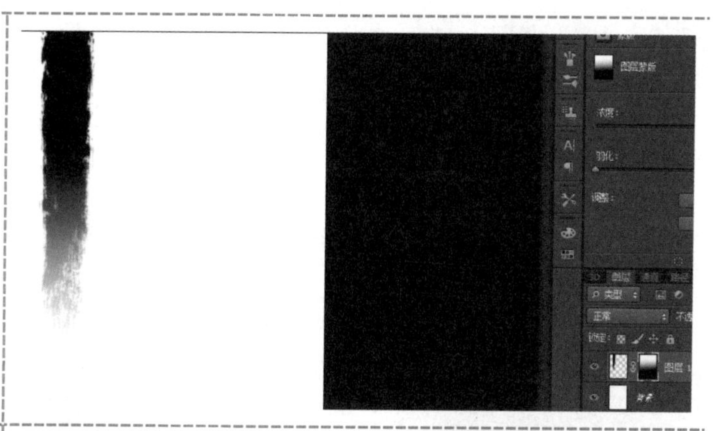 |
| 3 按住 Ctrl 键再单击图层，将其笔触选中；<br>打开一幅图片，复制、粘贴至剪贴板；<br>单击“编辑→选择性粘贴→贴入”命令，将图片贴入选区；<br>调整好图片大小，应用图层蒙版。 | 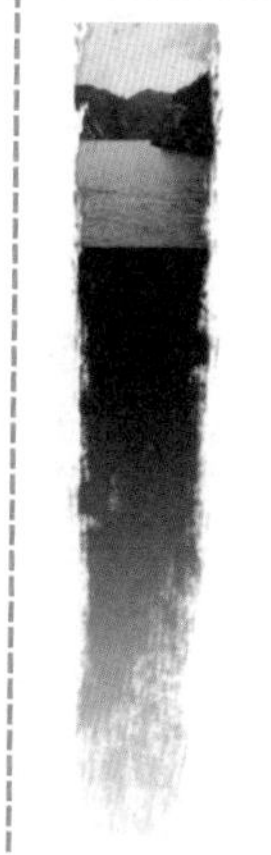 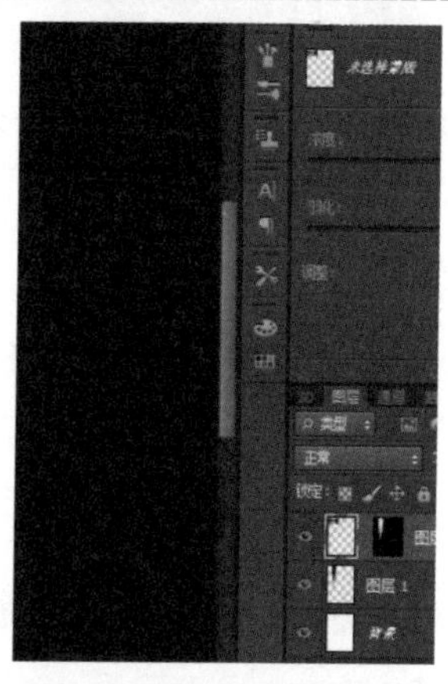 |
| 4 再次建立图层蒙版，做黑白垂直方向的线性渐变，完成制作。 | 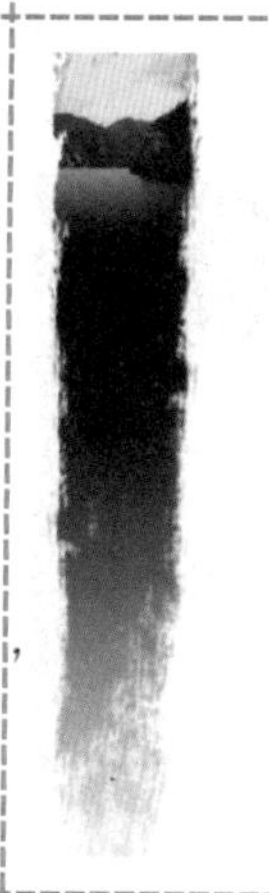 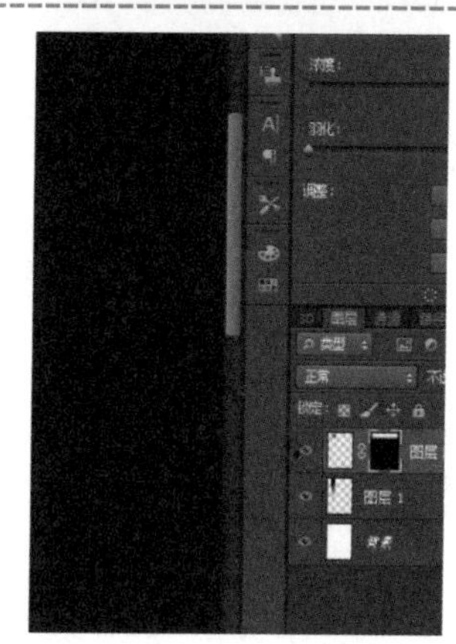 |

## 学习任务单

### 一、学习方法建议

观看微课→预操作练习→听课（老师讲解、示范、拓展）→再操作练习→完成学习任务单

二、学习任务

1. 建立不同形状的吊旗选区 □
2. 置入 Logo 输入文字 □
3. 设置好颜色，用画笔绘制花草 □
4. 调用第三方画笔，绘制枯笔触 □
5. 选定笔触、贴入图片 □
6. 两次使用图层蒙版，完成最终效果制作 □

三、困惑与建议

## 任务六　制作手提袋

### 一、任务导入

VI 应用系统中的手提袋设计，如图 5-7 所示。

图 5-7　VI 应用系统——手提袋

## 二、任务实施

| 步　　骤 | 说明或截图 |
| --- | --- |
| **1 设置背景**<br>在 Photoshop 上新建一个图像文件；<br>在背景层上做一黑白线性渐变；<br>按快捷键 Ctrl+T 斜切；<br>按快捷键 Ctrl+D 取消选区。<br>效果如右图所示。 | 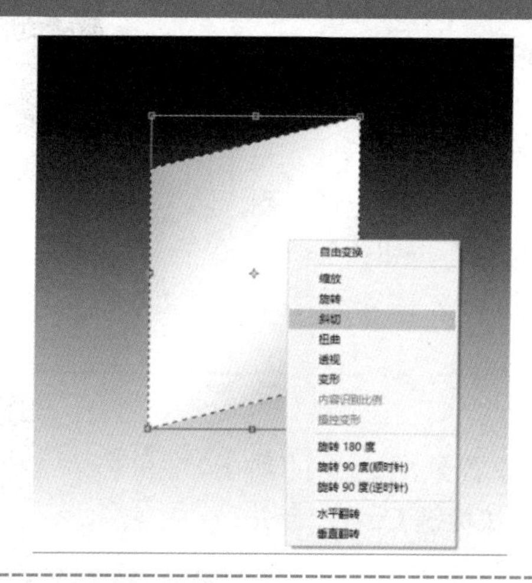 |
| **2 复制三个矩形**<br>单击“移动工具”，按住 Alt 键，边移动边复制三个矩形；<br>按快捷键 Ctrl+T 斜切；<br>在图层面板上调整图层叠放的顺序，效果如右图所示。 |  |
| **3 修饰侧面细节**<br>使用多边形套索工具对两个侧面加以修饰；<br>置入 Logo；<br>自由变换→斜切，效果如右图所示。 |  |

4 绘制拉绳

单击“钢笔工具”，绘制一个路径；单击“画笔工具”，选项面板的设置如下：

- 大小：4 像素
- 硬度：70%

单击路径面板下方的“用画笔描边路径”按钮；

复制拉绳并移动至手提袋后方。

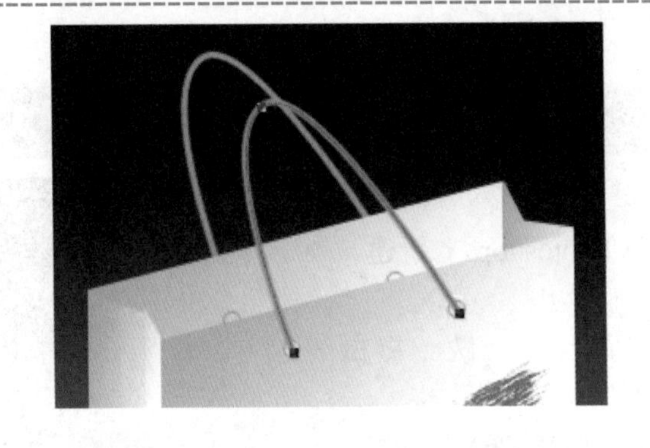

5 添加倒影

选定除背景层之外的所有图层，按快捷键 Ctrl+E 合并图层；

复制图层；

按快捷键 Ctrl+T 垂直翻转；

按快捷键 Ctrl+T 斜切；

降低图层的不透明度；

建立图层蒙版，做黑白竖直方向的线性渐变，完成制作，效果如右图所示。

## 三、任务拓展

利用图层的叠放次序，很容易打造牵手字这类的文字 Logo，如图 5-8 所示。

图 5-8 VI 应用系统——文字 Logo

现制作其中的枯笔画效果，具体操作步骤如下。

| 步　　骤 | 说明或截图 |
| --- | --- |
| 1 在 Photoshop 中输入文字：MOOC 并将四个字母填充不同的颜色。 |  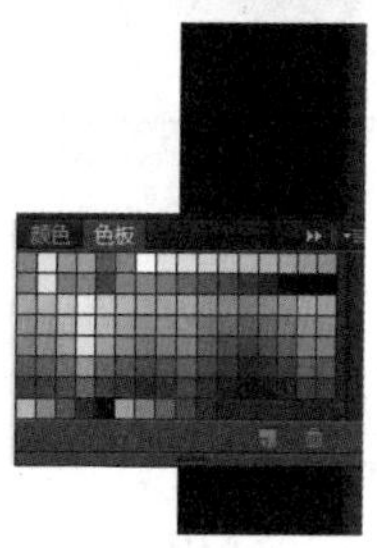 |
| 2 右击图层，栅格化文字；<br>用矩形选框工具分别选中三个字母，按快捷键 Ctrl+Shift+J 通过剪切新建图层；<br>让四个字母分别处于四个不同的图层；<br>用移动工具让它们相互叠加，效果如右图所示。 |  |
| 3 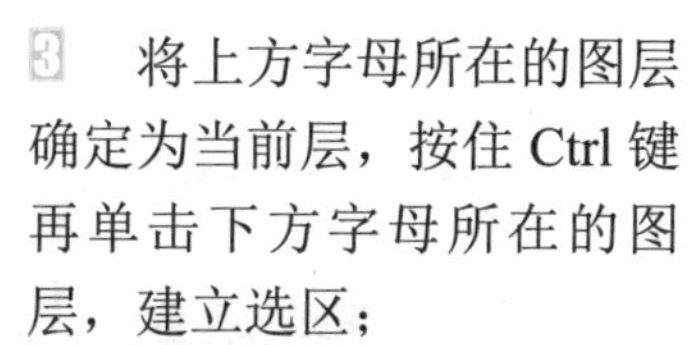 将上方字母所在的图层确定为当前层，按住 Ctrl 键再单击下方字母所在的图层，建立选区；<br>用橡皮擦工具重合选区的其中之一，完成两个字母之间的嵌套，效果如右图所示。 |  |
| 4 用类似的方法，做出其他字母之间的嵌套效果，完成制作，效果如右图所示。 |  |

## 学习任务单

| 一、学习方法建议 | |
|---|---|
| 观看微课→预操作练习→听课（老师讲解、示范、拓展）→再操作练习→完成学习任务单 | |
| 二、学习任务 | |
| 1. 绘制矩形、渐变 | □ |
| 2. 自由变换→斜切，复制三个面 | □ |
| 3. 更改图层的叠放顺序，得得一个基本的手提袋 | □ |
| 4. 打造侧面细节 | □ |
| 5. 用钢笔工具绘制拉绳 | □ |
| 6. 制作手提袋倒影 | □ |
| 7. 制作牵手字 Logo | □ |
| 三、困惑与建议 | |
| | |

# 任务七　道路指示牌

## 一、任务导入

VI 应用系统中的道路指示牌设计，如图 5-9 所示。

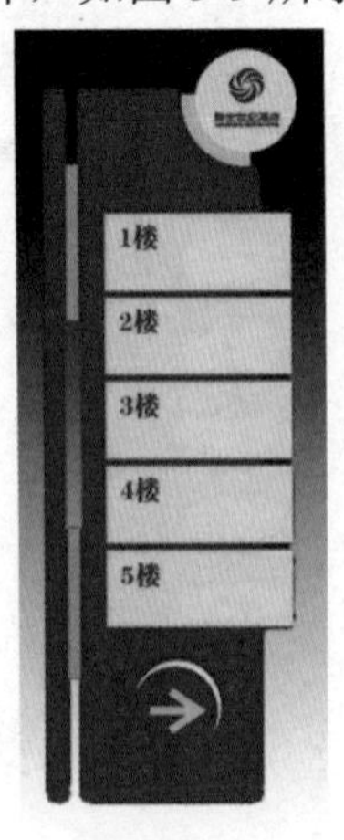


图 5-9　VI 应用系统——道路指示牌

## 二、任务实施

| 步　　骤 | 说明或截图 |
| --- | --- |
| 1 绘制圆角矩形<br>单击“圆角矩形工具”，选项栏上设置：像素，绘制一个圆角矩形；<br>单击移动工具，按住 Alt 键复制三个圆角矩形；<br>按快捷键 Ctrl+T 自由变换；<br>对其中的两个圆角矩形以不同的颜色填充，以作为连接处的铰链；<br>合并除了背景层之外的其他图层。 | 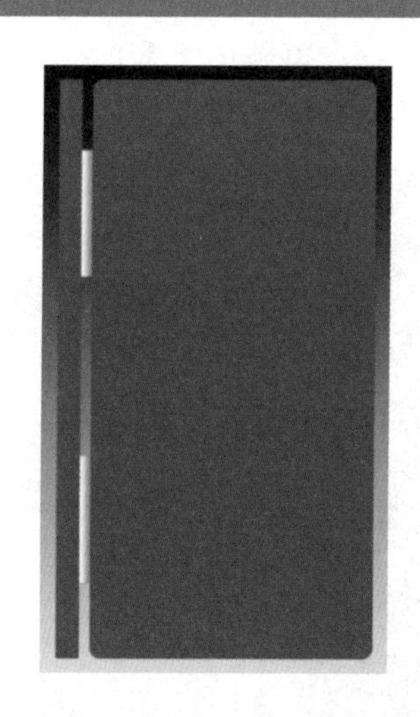 |
| 2 锁定透明像素<br>在圆角矩形的右上方绘制正圆选区；<br>单击图层面板上的“锁定透明像素”按钮，按快捷键 Alt+Del 填充浅灰色，效果如右图所示。 | 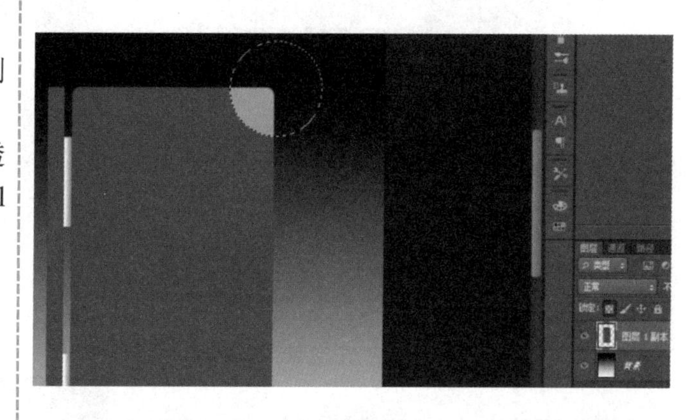 |
| 3 移动选区<br>单击任何一个选区工具，向右上方移动选区，填充浅黄色；<br>置入 Logo；<br>自由变换→缩放。 |  |

4 垂直居中分布

绘制四个圆角矩形，在其上再绘制四个方向箭头；

按住 Shift 键，可同时选定四个图层；

单击移动工具，再单击“选项”面板上的“垂直居中分布”按钮，让四个圆角矩形整齐排列，效果如下图所示。

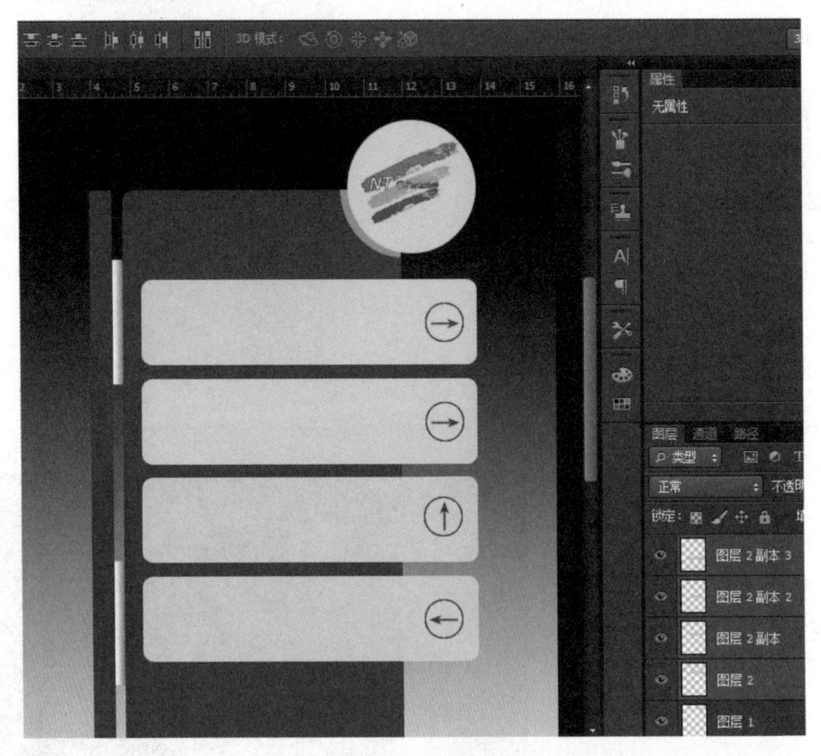


5 最终效果

输入相关文字，完成制作，效果如右图所示。

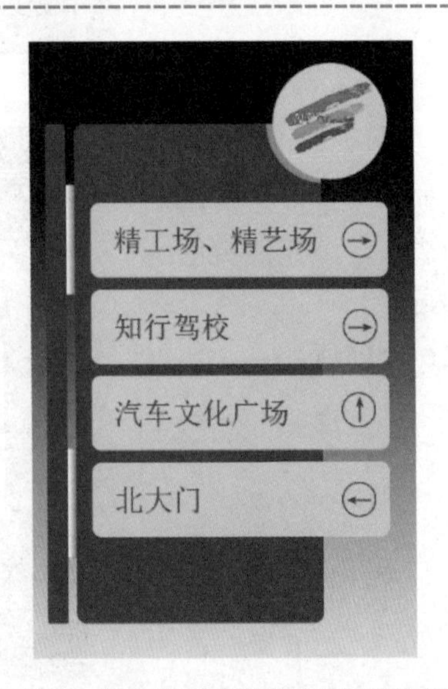

## 三、任务拓展

将道路指示牌打造成立体效果，如图 5-10 所示。

图 5-10　VI 应用系统——道路指示牌立体效果

具体操作步骤如下。

| 步　　骤 | 说明或截图 |
| --- | --- |
| 1　在任务七中合并除了背景层之外的所有图层；<br>按快捷键 Ctrl+T 透视、Ctrl+T 缩放，效果如右图所示。 | 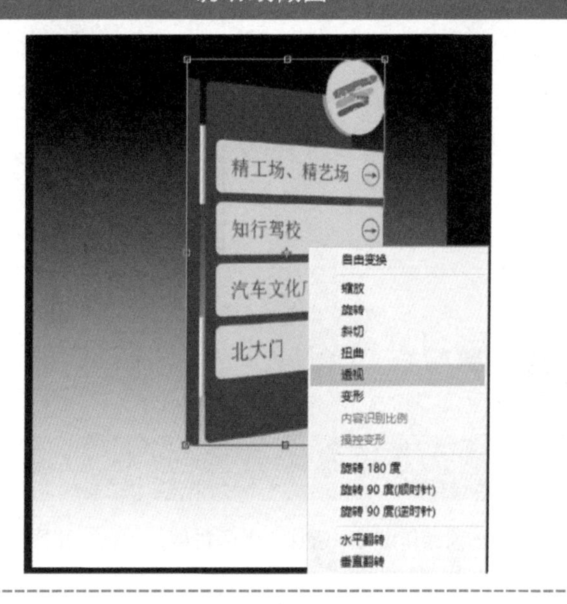 |

2 新建一图层，绘制矩形选区，填充颜色；

按快捷键 Ctrl+T 透视，效果如右图所示。

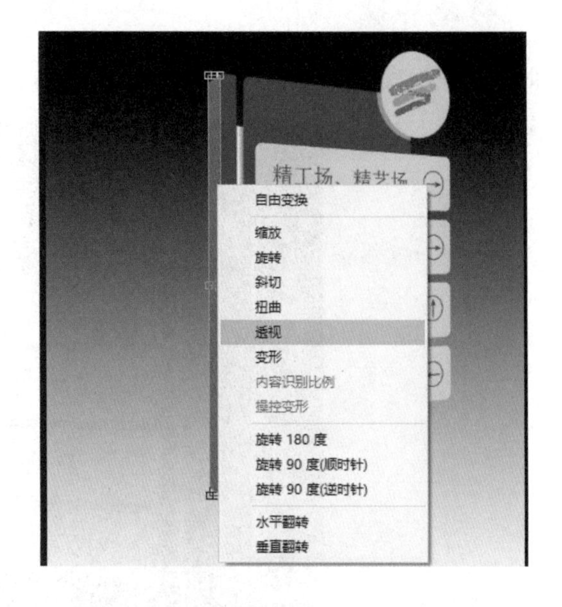


3 新建一图层，绘制矩形选区，填充颜色；

按快捷键 Ctrl+T 自由变换，再按住 Ctrl 键做任意变形；

对于绘制的另外两个矩形选区做同样处理，最终得到一个底板立方体，完成制作，效果如右图所示。

## 学习任务单

### 一、学习方法建议

观看微课→预操作练习→听课（老师讲解、示范、拓展）→再操作练习→完成学习任务单

二、学习任务

1．绘制圆角矩形 □
2．锁定透明像素 □
3．垂直居中分布 □
4．自由变换→透视 □
5．自由变换制作立方体 □

三、困惑与建议

# 任务八　制作遮阳伞

## 一、任务导入

VI 应用系统中的遮阳伞设计，如图 5-11 所示。

图 5-11　VI 应用系统——遮阳伞

## 二、任务实施

| 步　骤 | 说明或截图 |
| --- | --- |
| **1 绘制三角形**<br>在 Photoshop 中新建一个图像文件，背景层做黑白渐变填充；<br>按快捷键 Ctrl+'调出网格；<br>新建一层，单击多边形套索工具，绘制一个三角形并填充颜色，效果如右图所示。 | 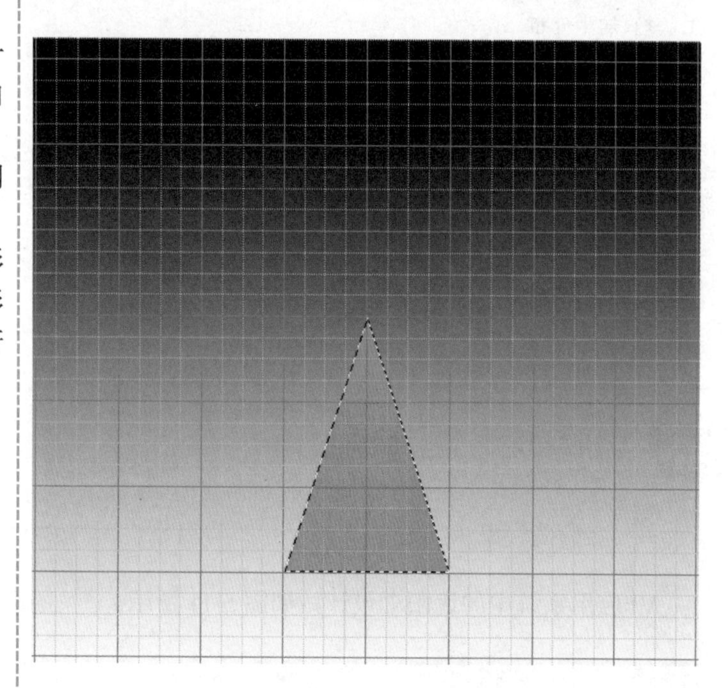 |
| **2 绘制圆角矩形**<br>在三角形图层的下方，绘制一个白色的圆角矩形；<br>将上述两个图层合并；<br>绘制的效果如右图所示。 | 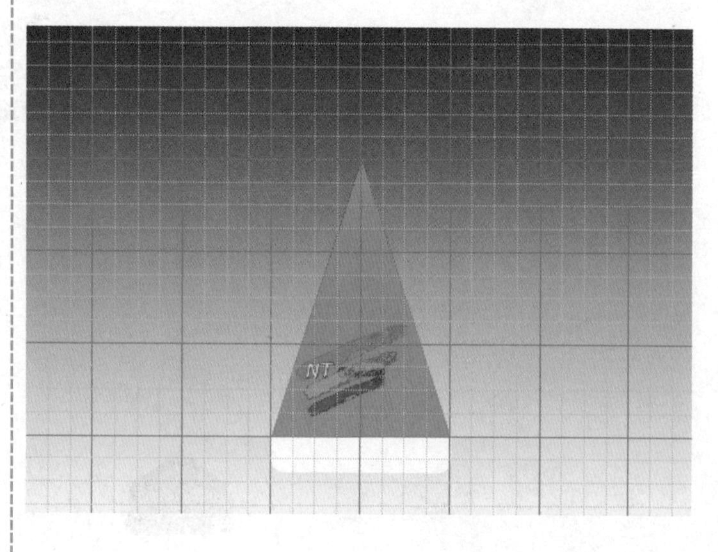 |

3 旋转72°

按快捷键 Ctrl+T 将其选中，移动圆心至三角形的上顶点；

在“选项”栏上输入角度值：72，如右图所示。

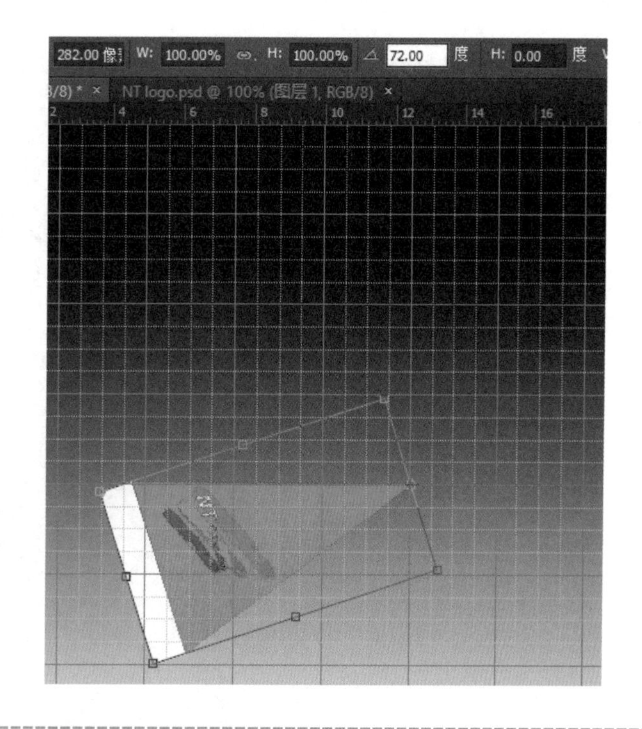


4 边旋转边复制

按组合键：Ctrl+Shift+Alt+T 四次，得到如右图所示的形状；

按快捷键 Ctrl+E，将五个对象合并至一个图层。

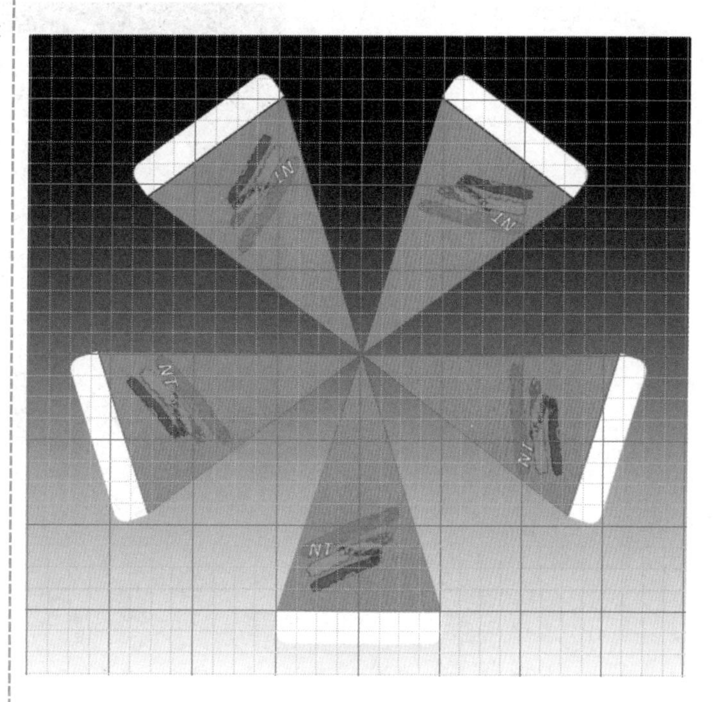

5 旋转 36°

复制图层，做角度渐变填充；

按快捷键 Ctrl+T 旋转 36°；

在中心处绘制小圆，填充灰色，效果如右图所示。

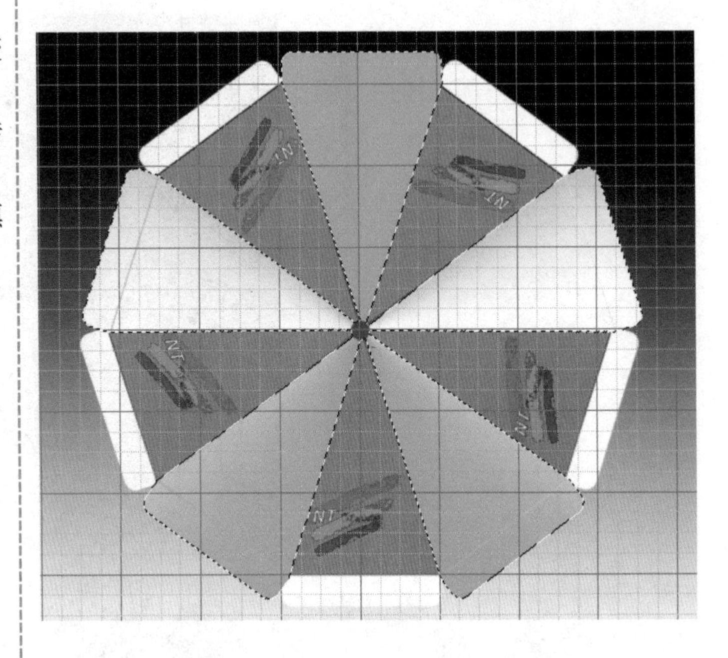

6 最终效果

按快捷键 Ctrl+'，隐藏网格，完成制作，效果如右图所示。

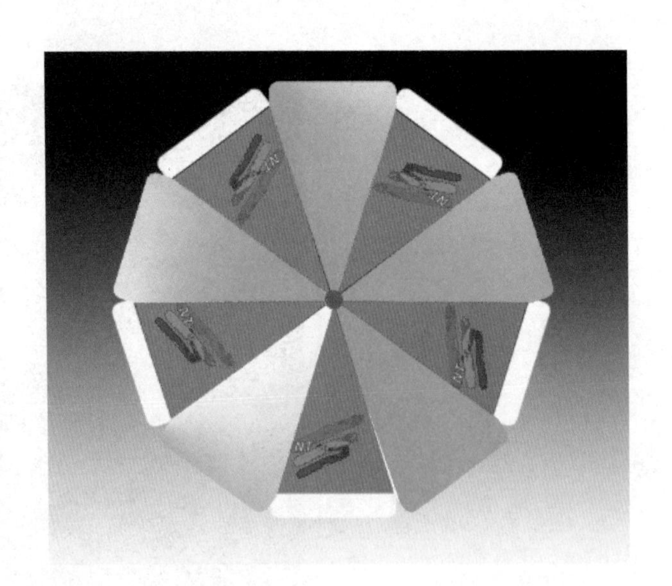

## 三、任务拓展

将遮阳伞打造成竖立效果，具体操作步骤如下：

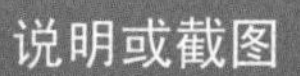

| 步　　骤 | 说明或截图 |
| --- | --- |
| 1　在 Photoshop 中像任务七那样，绘制一个对象。 | 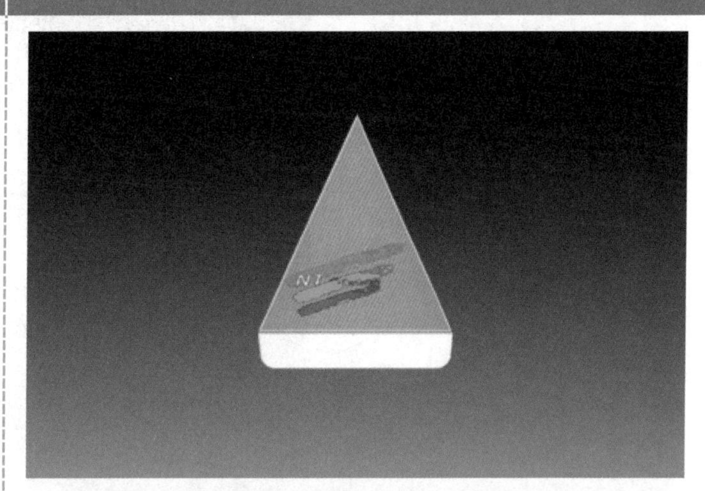 |
| 2　使用多边形套索工具、圆角矩形绘制左边对象，填充颜色并置入 Logo，效果如右图所示。 | 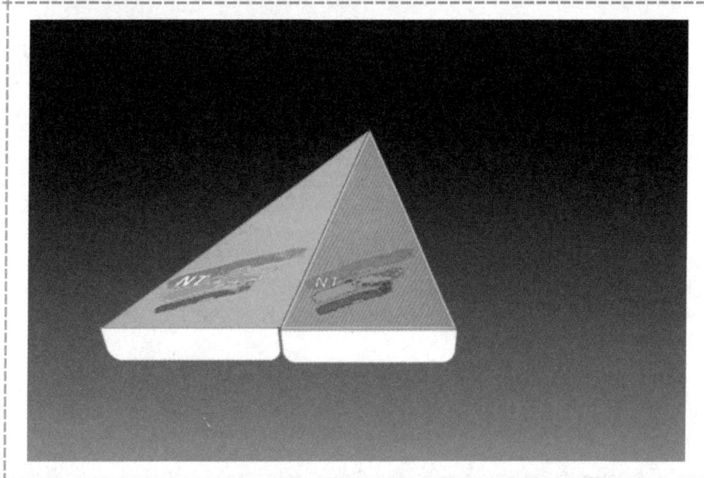 |
| 3　再使用多边形套索工具、圆角矩形绘制右边对象，填充颜色并置入 Logo，效果如右图所示。 | 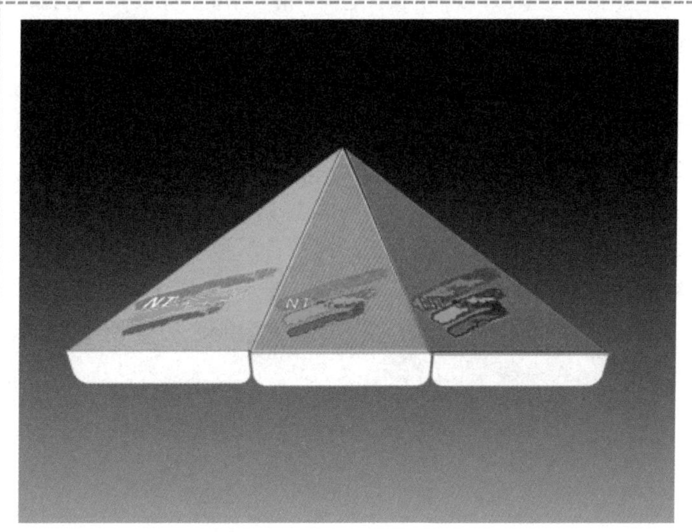 |

4 使用矩形选框工具绘制两截对象并填充不同的颜色，完成制作，效果如右图所示。

## 学习任务单

| 一、学习方法建议 |
| --- |
| 观看微课→预操作练习→听课（老师讲解、示范、拓展）→再操作练习→完成学习任务单 |
| 二、学习任务 |
| 1. 绘制等腰三角形 □<br>2. 绘制圆角矩形 □<br>3. 指定圆心，旋转对象 □<br>4. 用多边形套索绘制对象 □<br>5. 制作遮阳伞装立面图 □ |
| 三、困惑与建议 |
| |

# 任务九 制作宣传画册

## 一、任务导入

VI 应用系统中的宣传画册设计如图 5-12 所示。

图 5-12 VI 应用系统——宣传画册

## 二、任务实施

| 步 骤 | 说明或截图 |
| --- | --- |
| **1 绘制矩形**<br>单击“矩形选框工具”，绘制一个矩形；<br>单击“渐变工具”，选定一种预设的颜色，作线性渐变，效果如右图所示。 |  |

2　自由变换→变形

新建一图层，绘制略小于下方的矩形选区；

用“灰-白-灰-白”作线性渐变；

按快捷键 Ctrl+T 变形，调节节点，如右图所示。

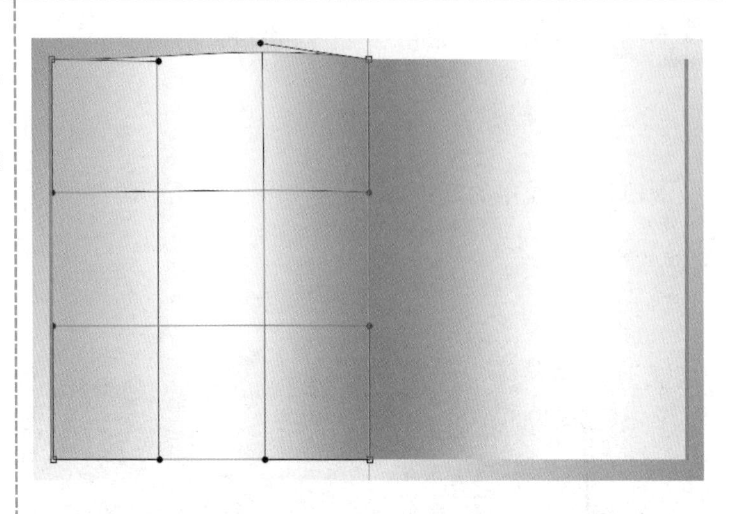

3　投影

添加图层样式→投影，使画册更有立体感，如右图所示。

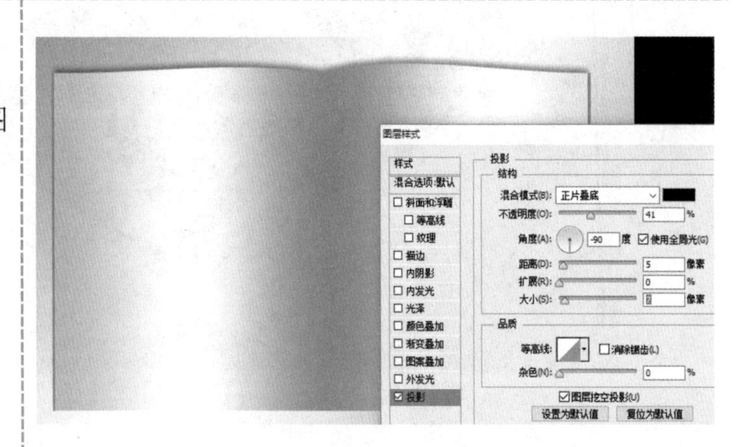


4　钻石造型

用多边形工具、直线工具绘制若干个三角形，组成如右图所示的钻石形状。

5 贴入图片

用“魔棒工具”将三角形逐个选定；

执行“编辑→选择性粘贴→贴入”菜单命令，贴入选定的图片。

6 最终效果

置入 Logo，输入相关文字，完成制作，效果如右图所示。

## 三、任务拓展

画册的封面设计需要较高的创意，以下来制作一个墨渍晕开的效果，如图 5-13 所示。

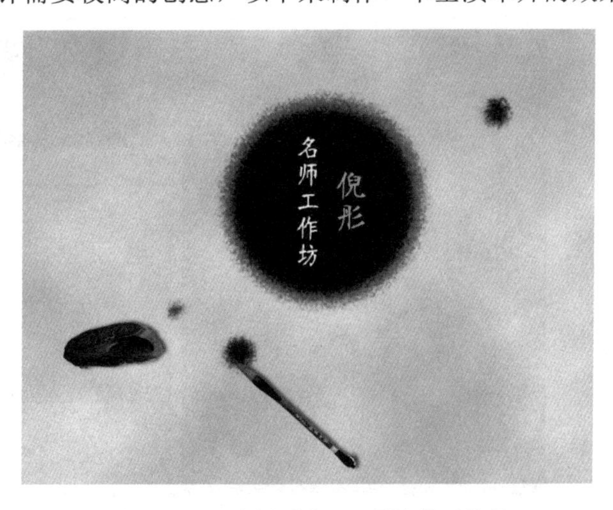


图 5-13　VI 应用系统——墨渍晕开效果

具体操作步骤如下：

| 步　骤 | 说明或截图 |
| --- | --- |
| 1　在 Photoshop 中新建一个图像文件；<br>设置好前景色、背景色；<br>执行“滤镜→渲染→云彩”菜单命令，效果如右图所示。 |  |
| 2　在通道面板上新建一个通道 Alpha 1；<br>绘制大小不等的几个正圆；<br>按快捷键 Ctrl+D 取消选区。 |  |
| 3　执行“滤镜→模糊→高斯模糊”命令，具体参数的设定如右图所示。 | 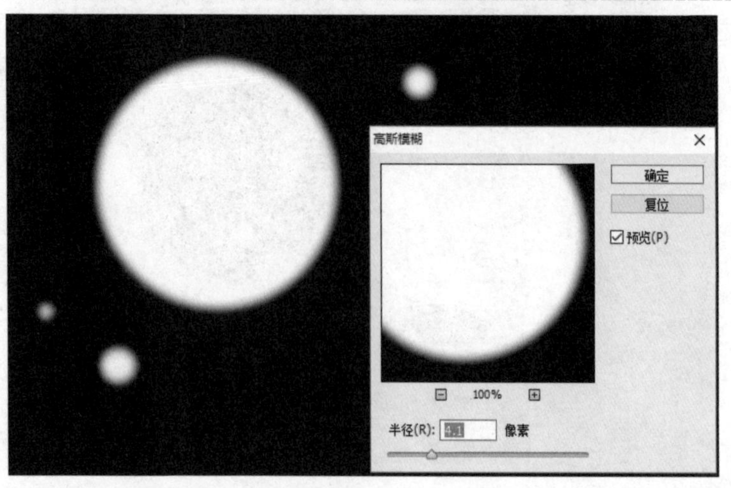 |

4 执行“滤镜→画笔描边→喷溅”菜单命令，参数设定如右图所示。

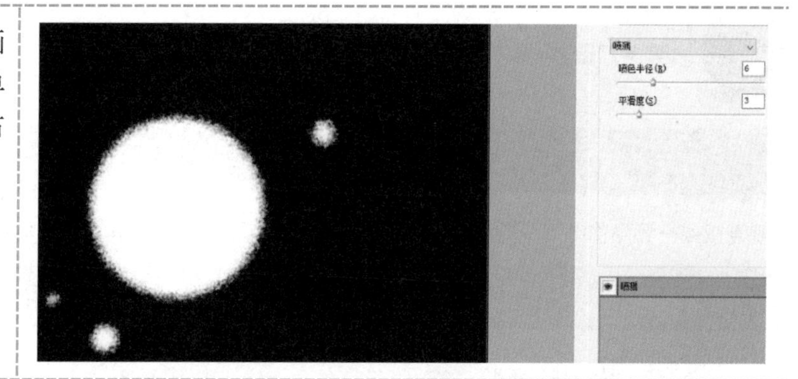

5 按住 Ctrl 键再单击 Alpha 1，载入通道选区；

返回图层并新建一层，填充黑色，效果如右图所示。

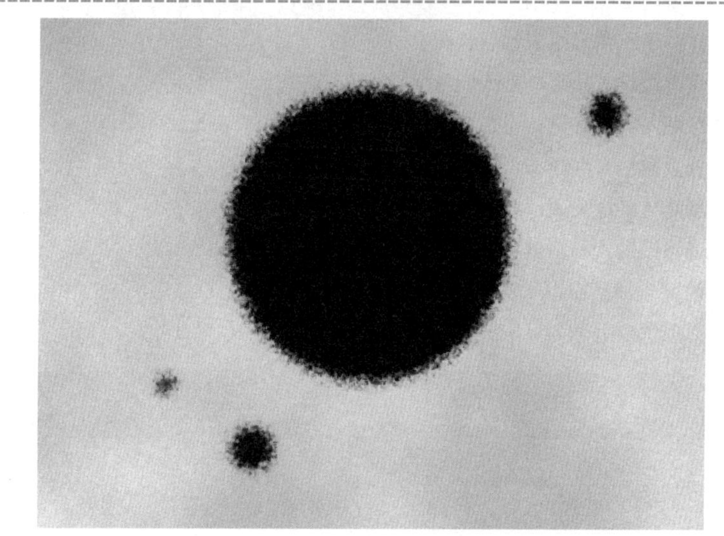

6 将墨渍所在图层的不透明度设为50%；

新建一图层，继续载入Alpha 1通道所建立的选区，适当收缩选区，填充黑色，将该层的不透明度设置为70%；

再新建一图层，继续载入Alpha 1通道所建立的选区，适当收缩选区，填充黑色；

完成制作，效果如右图所示。

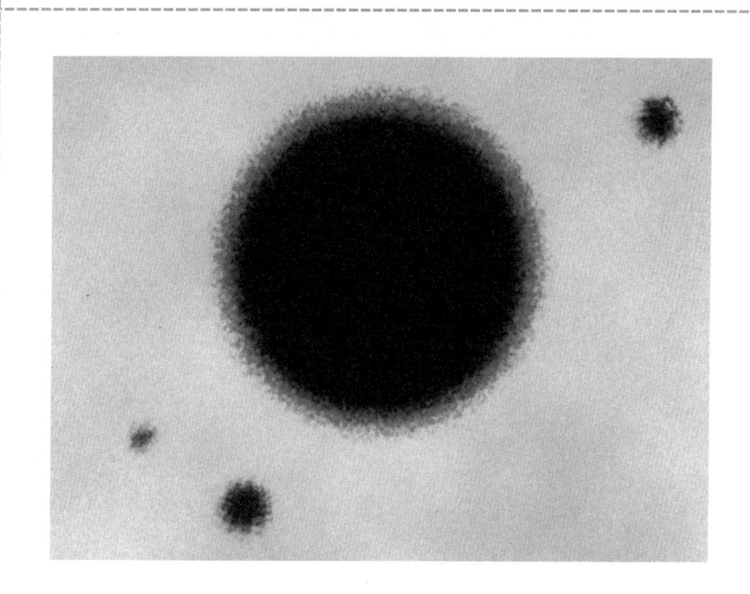

## 学习任务单

| 一、学习方法建议 |
| --- |
| 观看微课→预操作练习→听课（老师讲解、示范、拓展）→再操作练习→完成学习任务单 |
| 二、学习任务 |
| 1．用多边形工具绘制三角形 □<br>2．将多个三角形组成钻石状图案 □<br>3．逐个选定三角形，贴入图片 □<br>4．对贴入的图片进行自由变换 □<br>5．设置颜色、制作云彩 □<br>6．新建 Alpha 通道，绘制选区，填充颜色 □<br>7．取消选区，高斯模糊 □<br>8．滤镜→画笔描边→喷溅 □<br>9．返回图层、载入 Alpha 通道，填充颜色 □ |
| 三、困惑与建议 |
| |

# 项目六

# 网页设计

在本项目中，我们将使用 Photoshop 来进行网页的前台设计，然后进行导出切片、导出网页的操作。

## 学习目标

1. Web 版面设计;
2. 图文设计;
3. 切片;
4. 导出切片及网页。

## 任务一　Web 版面布局

### 一、任务导入

以下是用 Photoshop 所设计的微网站前台，如图 6-1 所示。

图 6-1　微网站前台

## 二、任务实施

| 步　骤 | 说明或截图 |
| --- | --- |
| **1 设置网格**<br>在 Photoshop 中创建一个 640×800 像素的图像文件；<br>执行“编辑→首选项→参考线、网格和切片”菜单命令；<br>将“网格线间隔”设置为 10 毫米。 | 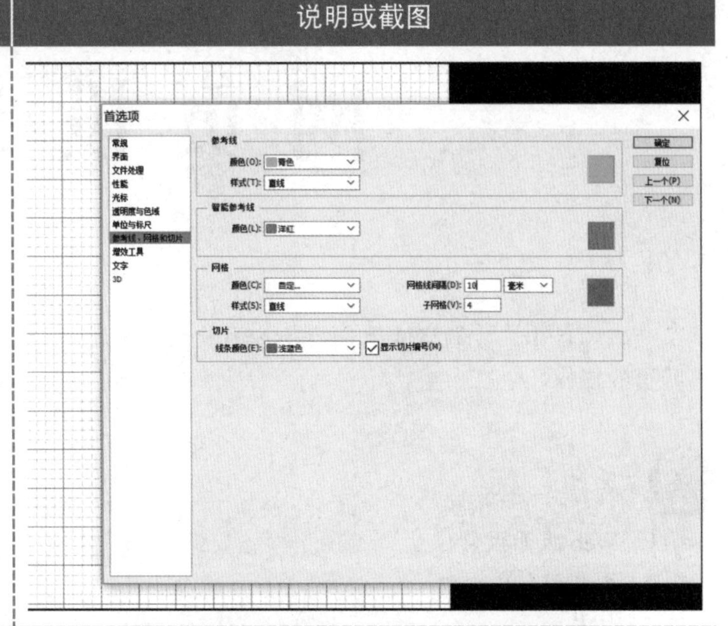<br> |
| **2 绘制矩形：**<br>依网格线绘制九个矩形选框，填充不同的颜色；<br>将其中的一个矩形选中，执行“编辑→选择性粘贴→贴入”菜单命令，完成图片的贴入，效果如右图所示。 |  |

## 三、任务拓展

微网站的版面布局要力求简单、明了、图文并茂，微网站常用于手机网页、微信公众号、订阅号等。要多观摩设计精美、有创意的页面，用手机截图，再模仿练习制作，如图 6-2 所示。

图 6-2　微信订阅号页面

## 学习任务单

### 一、学习方法建议

观看微课→预操作练习→听课（老师讲解、示范、拓展）→再操作练习→完成学习任务单

### 二、学习任务

1．在 Photoshop 中创建一个 640×800 像素的页面 □
2．在 Photoshop 中调整网格的大小 □
3．依网格大小绘制矩形选区并填充颜色 □
4．对选定的矩形选区贴入图片 □

### 三、困惑与建议

# 任务二　添加图文

## 一、任务导入

本任务是对任务一所设计的版面添加图文信息，完成最终的页面制作。

## 二、任务实施

| 步　骤 | 说明或截图 |
| --- | --- |
| **1 设计 Logo**<br>打开任务一所建的源文件，输入文字：NT；<br>在图层上右击，选择“栅格化文字”菜单命令；<br>重新编辑文字，添加图层样式→阴影。 |  |
| **2 添加文字**<br>在各栏目中输入相应的文字；<br>建立矩形选区，单击“移动工具”，做垂直居中对齐，效果如右图所示。 | NT名师\|工作坊<br>NiTong Teacher Workshop<br><br>工作坊简介　建设动态<br>微课　慕课<br>翻转课堂　混合式学习<br>NiTong Teacher Workshop@CopyRight 2015-2016 |

### 3 添加图形

单击“横排文字工具”，设置 Webdings 字体，输入相应的图形符号；

调整好各个符号的位置、大小，完成页面的图文混排，效果如右图所示。

## 三、任务拓展

图 6-3 所示是 Windows 10“磁贴”风格的微网页，在手机等移动客户端应用非常广泛。

图 6-3 “磁贴”风格微网页

操作步骤如下：

| 步　骤 | 说明或截图 |
| --- | --- |
| **1 版面设计**<br>在 Photoshop 中新建一个 640*800 px 的图像文件，设置背景色为黑；<br>新建一图层，按快捷键 Ctrl+' 调出网格；<br>绘制正方形及矩形选区，并填充颜色，效果如右图所示。 | 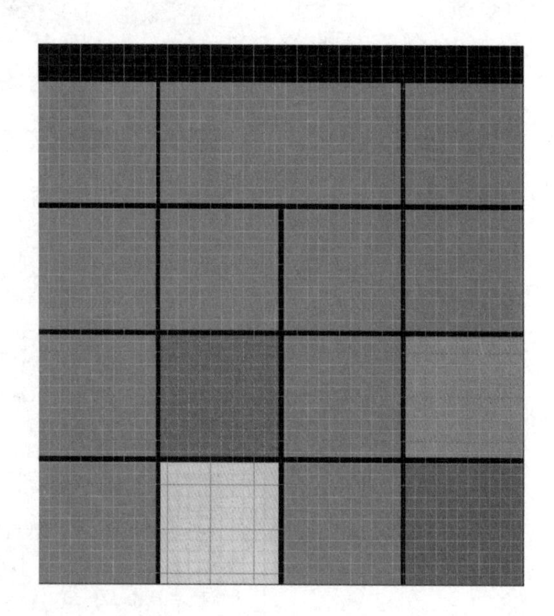 |
| **2 添加图形**<br>在各栏目中添加相应的图形符号；<br>建立矩形选区，单击"移动工具"，做水平居中对齐、垂直居中对齐，效果如右图所示。 | 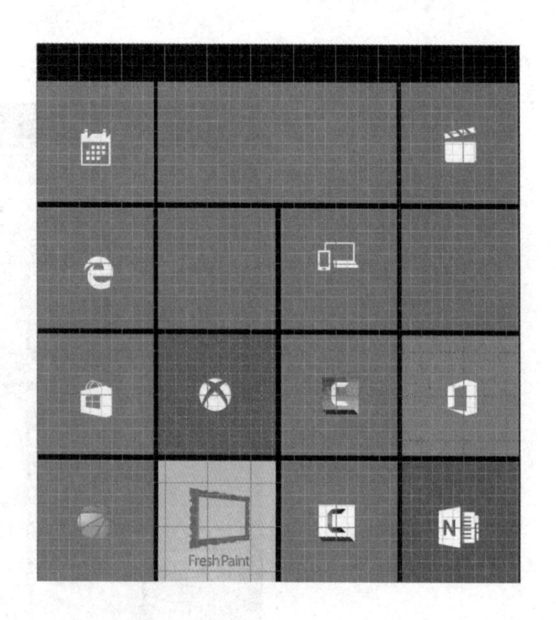 |

3 添加文字

在各栏目的下方，添加相应的说明性文字；

其他的空白栏以图片填充，效果如右图所示。

## 学习任务单

**一、学习方法建议**

观看微课→预操作练习→听课（老师讲解、示范、拓展）→再操作练习→完成学习任务单

**二、学习任务**

1．绘制微网站 Logo □
2．添加栏目图片 □
3．添加栏目文字 □
4．建立选区，设置图片与文字的对齐方式 □

**三、困惑与建议**

# 任务三　切片

## 一、任务导入

本任务是要将设计的页面在 Photoshop 中进行“切片”，以便使导出的切片尺寸、体积尽可能小，从而使生成的网页响应时间尽可能快。

## 二、任务实施

| 步　　骤 | 说明或截图 |
| --- | --- |

**1　合并图层**

在 Photoshop 中打开微网站源文件；

执行“图层→拼合图像”菜单命令，完成所有图层的合并，效果如下图所示。

### 2 切片

单击工具箱→切片工具；

选择在 Dreamweaver 这类的网页排版软件中用 Div 或 Table 无法做到的部分进行“切片”，力求使生成的图片及网页体积最小。

## 三、任务拓展

单击工具箱→切片选择工具，可将其选中。用切片选择工具在切片上双击，可打开“切片选项”对话框，如图 6-4 所示。

图 6-4　切片选择工具

## 学习任务单

| 一、学习方法建议 | |
|---|---|
| 观看微课→预操作练习→听课（老师讲解、示范、拓展）→再操作练习→完成学习任务单 | |
| 二、学习任务 | |
| 1．打开 Photoshop 源文件，拼合图像 | □ |
| 2．在 Logo、图形等处进行切片 | □ |
| 3．用切片选择工具，查看并调整切片名称、大小 | □ |
| 4．用快捷键 Ctrl+H 隐藏/显示切片 | □ |
| 三、困惑与建议 | |
| | |

# 任务四　导出切片及网页

## 一、任务导入

本任务是要将设计好的页面在 Photoshop 中进行“切片”，以便使导出的图片尺寸、体积尽可能小，从而使生成的网页响应时间尽可能快。

## 二、任务实施

| 步　　骤 | 说明或截图 |
| --- | --- |
| **1 打开文件**<br>在 Photoshop 中打开一个已切片好的微网站页面，如右图所示。 | 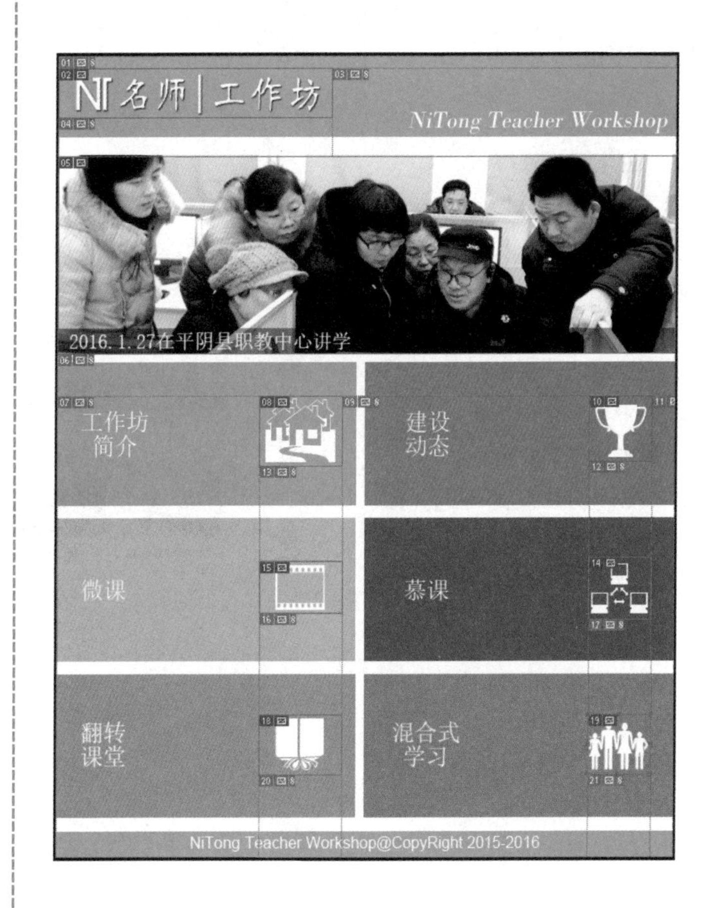 |

2 存储为 Web 所用格式

执行“文件→存储为 Web 所用格式”菜单命令，打开相应的对话框：

在“预设”处可选择：

- JPEG；
- GIF；
- PNG；

等多种图片格式，如右图所示。

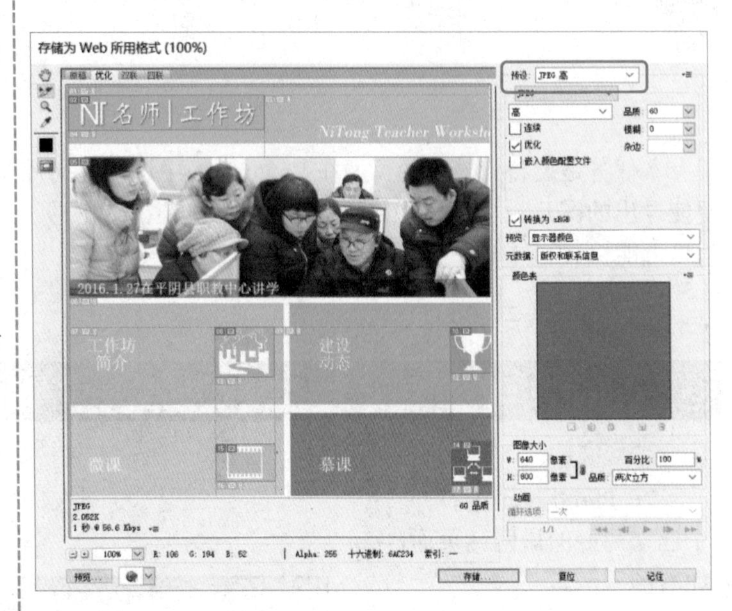

3 将优化结果存储为

单击“存储”按钮后，出现“将优化结果存储为”对话框：

在“格式”处可选择：

- HTML 和图像；
- 仅限图像；
- 仅限 HTML；

在“切片”处可选择：

- 所有切片；
- 所有用户切片；
- 选中的切片；

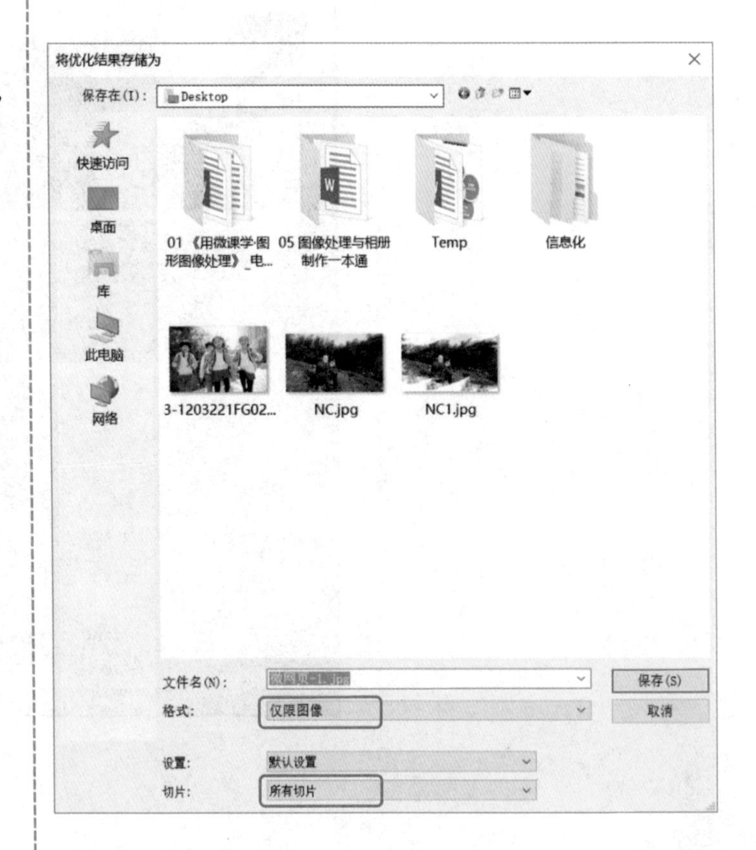

4 导出结果一

预设：JPEG 高；

格式：仅限图像；

切片：所有用户切片。

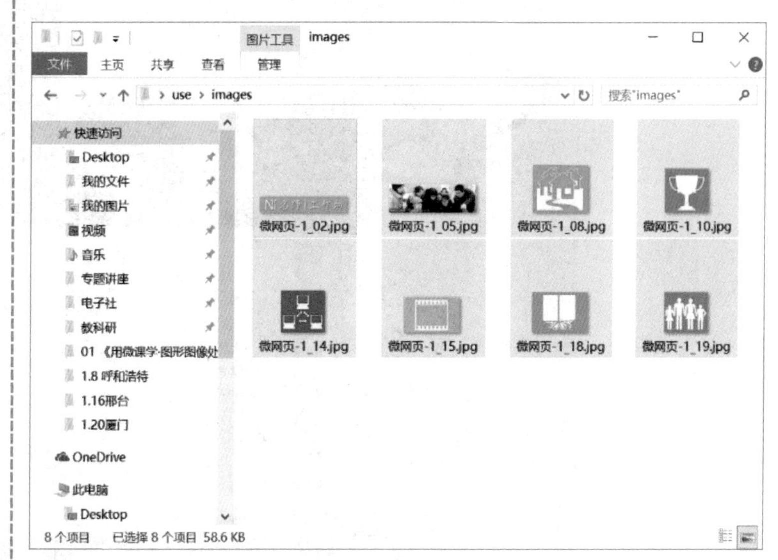


5 导出结果二

预设：JPEG 高；

格式：HTML 和图像；

切片：所有用户切片。

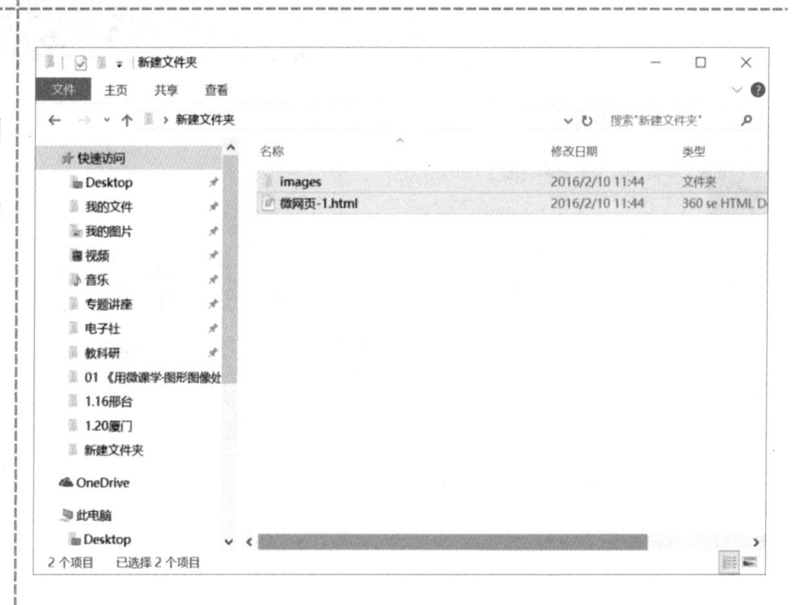


## 三、任务拓展

单击工具箱→切片选择工具，可将其选中。用切片选择工具在切片上双击，可打开“切片选项”对话框，如图 6-5 所示。

“切片选项”对话框中除了设置切片的大小、名称外，还可设置：

- URL：统一资源定位，即链接的网址；
- 目标：打开网页对应的框架，如：_blank（空白）、_self（自身）等。

图 6-5 切片选择工具

## 学习任务单

| 一、学习方法建议 | |
| --- | --- |
| 观看微课→预操作练习→听课（老师讲解、示范、拓展）→再操作练习→完成学习任务单 | |
| 二、学习任务 | |
| 1．导出“所有切片” | ☐ |
| 2．导出“所有用户切片” | ☐ |
| 3．导出“选中的切片” | ☐ |
| 4．用切片选择工具，设置网址 | ☐ |
| 5．用切片选择工具，设置打开的框架 | ☐ |
| 6．导出“HTML 和图像” | ☐ |
| 7．在浏览器中打开导出的网页并验证网址 | ☐ |
| 三、困惑与建议 | |
| | |